JN126819

AWSではじめる
クラウド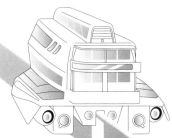
セキュリティ

Cloud security learned on AWS

松本照吾／桐谷彰一／畠中 亮／前田駿介

テッキーメディア

本書に関する追加の情報は次のサイトから提供予定です。

https://techiemedia.co.jp/books/

また、本書の記載内容についてのご質問は次のメールアドレスからお受けいたします。

books@techiemedia.co.jp

ご質問の内容によっては、回答時期の遅延、およびお答えできない場合がございます。あらかじめご了承くださいますようお願い申し上げます。

はじめに

　本書を手に取っていただき、本当にありがとうございます。

　本書は、**AWS のセキュリティを学ぶ**ということ以上に、**AWS を通じてセ
キュリティを学ぶ**ということを主眼に執筆されました。AWS を通じてセキュリ
ティを学ぶことにより、セキュリティに関わるのが初めてという方が、さまざま
な要素を理解していく第一歩になってほしいと考えています。

　一方、最近は「リスキリング」という言葉が使われるようになりました。これ
は、経験や知識のある方でも、IT や業務環境の変化に合わせ、新たなスキルや知
識を獲得し、「学びなおし」していく必要が出てきているということです。経験の
ある方も、本書を通じて「クラウドにおけるセキュリティって何だろう」、「そも
そもセキュリティってどう考えていくものだろう」と考え直すきっかけになって
くれればと思います。

　平素、AWS を学習している多くの方から、「どうやって AWS を学習すればい
いでしょうか」、「どうやって情報をキャッチアップしたらいいでしょうか」とい
う質問をいただきます。特に AWS は進化のスピードが早く、常に新しいサービ
スが登場し、新機能が追加されます。

　セキュリティやクラウドに限らず、筆者が常に心がけているのは「まずは、**WHY**
と **WHAT** を押さえましょう」ということです。サービスや機能というのは、
HOW（どのようにするのか）にあたる部分ですが、機能そのものを理解する前
に **WHY**（なぜそのサービスや機能が必要なのか）、**WHAT**（何をしてくれる
ものなのか）を理解すれば、それらをより効果的に利用できます。特に AWS の
サービスの多くは、お客様のフィードバックから生まれています。そのため、新
サービスのプレゼンテーションやブログなどでは、「お客様のどういう課題がある
のか。そしてこのサービス（機能）はそれをどのように解決してくれるのか」と
いうことが説明されます。

　一方、本書は AWS の仕組みや AWS のセキュリティのサービスの紹介にとど
まらず、セキュリティの考え方や理解のためのステップを提供できればと考えて
います。そこで本書の第 1 部では、クラウドにおけるセキュリティの考え方を中
心とし、第 2 部や第 3 部では、AWS のサービスを題材にセキュリティのさまざ
まなアプローチを取り上げました。本書は、皆さんの経験や興味や関心によって、
どこから読むこともできますが、できれば一度は全体に目を通していただければ
と思っています。

　本書では AWS のセキュリティのすべてをカバーしているわけではありません。
また、セキュリティのすべてをカバーしているわけでもありません。AWS に関
しては、さまざまな公開資料や継続的なセミナーなども公開されています。また、
セキュリティについては多くの先人の知恵に触れられる環境にあります。この本
を通じ、読者の皆さんがクラウドやセキュリティの学習を深め、次につながるきっ

かけを作ることができ、AWS の上で安全でより良いサービスを動かせるように
なることを筆者一同、願ってやみません。

2023 年 1 月 旅の空にて　松本照吾

謝辞

　本書の執筆にあたり、多大なるご尽力、アドバイスをいただいたテッキーメディ
ア石川様、私たちにさまざまな刺激をあたえていただいたお客様、パートナー様、
同僚の皆様、そして家族や友人の皆様にあらためて感謝をお伝えしたいと思いま
す。本当にありがとうございます。

2023 年 1 月　著者一同

注記

- 本書記載の情報は 2023 年 1 月現在の内容にもとづきます。本書発行時点、
  また皆様が本書を入手されている時点においては、情報や画面がアップデー
  トされている可能性があります。これはクラウドサービスのひとつの特徴と
  なりますので、最新の情報を適宜入手いただければ幸いです。
- 本書の内容は細心の注意を払って記載、確認しましたが、お客様ご自身がご
  利用される環境の管理責任はお客様に帰属します。出版社および著者はお客
  様の環境に関していかなる責任も負いません。
- 本書の記載内容は執筆者個人によるものであり、Amazon Web Service.Inc
  およびアマゾン ウェブ サービス ジャパン合同会社の公式見解ではありませ
  ん。必要な情報はつねに公式の Web サイトその他の関連する文書などをご
  参照ください。

目　次

第1部　クラウドとセキュリティの基本　　　1

第1章　セキュリティって何だろう、クラウドって何だろう　　3

第2章　セキュリティと責任共有モデル　　　13

第2部　AWS でセキュリティを実装する　　　55

第5章　AWS の利用を開始する際のセキュリティ　　　57

第6章　リスクの特定とセキュリティ管理策の決定　　　79

第 7 章　セキュリティ管理策の要となる防御 　　109

第8章　セキュリティ検知の仕組み作り　　143

これからの学習のために　　　　　　　　　　295

第1部

クラウドと
セキュリティの基本

本書の第1部では、「セキュリティとはどういうものか」という基礎的な概念から、クラウドコンピューティングとセキュリティの関係、AWSを始めとしたクラウドにおけるセキュリティの考え方や、組織におけるセキュリティ管理策の基本などについて説明していきます。大まかに次のような内容を説明します。

- セキュリティとはなにか（第1章）
- クラウドとセキュリティ（第1章）
- 責任共有モデル（第2章）
- ガバナンス／コンプライアンスとセキュリティ（第3章）
- セキュリティポリシーの必要性（第4章）

　第1部では基礎的な事項や大まかな考え方、方針を扱います。「セキュリティの基本的な概念は習熟済み」という方や、「AWS利用時のセキュリティ管理策を知りたい」、という方は第2部から読み進めていただいても問題ありません。

　一方、第1部では、「クラウドの登場によってセキュリティの考え方はどのように変わり、どう取り組んでいくべきか」といったことへのヒントも散りばめてみました。お忙しい方は、第2部以降でさまざまなAWSのサービスを試したあとにでも、このパートをご一読いただければと思います。

第1章
セキュリティって何だろう、クラウドって何だろう

　本章では、セキュリティとその管理策についての性質と、クラウドにおけるセキュリティについて考えていきます。まずは、「セキュリティとその目的は何か」という基本に立ち返って考えてみましょう。

1.1　情報セキュリティとはどんなものか

　皆さんは「守る」ということにどのようなイメージをお持ちでしょうか。どちらかというと「地味」であったり「辛抱」のようないくぶん華やかでないイメージを思い浮かべる方もいるかもしれません。その一方で、テレビや映画では多くのヒーローやヒロインが、地球や人類、皆さんの幸せを「守る」大活躍をして、多くの支持を得ています。

　最近ではITをとりまくさまざまな仕事や仕組みのなかでも、セキュリティに対する社会的な興味や関心が高まっています。一般的には**セキュリティ**というのは何かから「守る」ことであり、情報セキュリティであれば、「情報」を守るという意味を持ちます。「守る」ことには「何か悪いことの影響を受けないようにする」という側面もありますが、被害を受けてしまった場合に迅速に元通りにすることもセキュリティの大きな要素となっています。情報セキュリティに関わる仕事はテレビや映画のヒーローのように派手で格好の良い仕事ではありませんが、社会のさまざまな場面において必要とされるものとなります。

　「守る」という活動はどちらかといえば終わりのない活動であり、環境や技術が変化すればその手段も変化させていかなければなりません。必ずしも簡単な仕事ではないですが、誰もが難しいと感じることをどのように解決できるかということはやりがいのある仕事と言えます（図1.1）。

図 1.1 セキュリティ活動の必要性

　こうしたセキュリティについて、ここでは手始めにその目的について考えていくことにしましょう。

1.1.1 セキュリティの目的を意識する

　経営学者として著名な P.F. ドラッカーの著書に『マネジメント』[1] があります。この書籍では 3 人の石切職人に「あなたはいま何をしているのか?」と聞いたときの話が出てきます。それぞれの石切職人は次のように答えます。

- 1 人目は「暮らしをたてている(石切という仕事で報酬をもらっている)」
- 2 人目は「最高の石切の仕事をしている(誇りをもって自分の仕事をしている)」
- 3 人目は「教会を建てている」

　この話は「仕事」の全体像やその目的の理解度によって価値が変わってくることを示していますが、セキュリティに関しても同じことが言えます。
　セキュリティを学ぶなかで、たんに技術を追いかけているだけではその目的を見失ってしまうかもしれません。企業におけるセキュリティへの対応は、システムやサービスの全体を含めたビジネスの一部と考えることが大切です。そこで、次に業務として見た場合のセキュリティ活動の特徴について見ていきます。

---

[1] 『マネジメント[エッセンシャル版] - 基本と原則』、上田惇生 編訳、ダイヤモンド社、2001年。もしかしたら、『もし高校野球のマネージャーがドラッカーの『マネジメント』を読んだら』が話題になったときに、エッセンスに触れたことがある方もいらっしゃるかもしれません。

1.1.2　セキュリティ業務の特徴

　セキュリティには、外部あるいは内部の攻撃者からシステムや情報資産を守るという大切な目的がありますが、一方でユーザーの体験に変化を与えるものでもあります。ここでは、セキュリティに関する業務の特徴を2つ挙げてみます。

● セキュリティはサービスの中心ではない

　セキュリティは、サービス全体から見て不可欠の要素ではあっても、サービスの中心となることはまずありません。

　例えば、典型的なオンラインシステムであるショッピングサイトの最も大切なサービスは「顧客に物を売る」ことです。ショッピングサイトでは、商品を見付けやすく、検索性が高いことが重要です。そして、それらがストレスなく動作し、サービスが止まらないことが求められます（図1.2）。

図1.2　セキュリティがサービスの中心になることはあまりない

　認証の機能や、暗号化がなされていることが利用者にとっての優先事項となることはあまりありません。セキュリティ管理策がしっかりされていることは重要ですが、セキュリティは、サービスの価値を損なうリスクをできるだけ低くするものと考えたほうがよいでしょう。

● セキュリティは手間を増やす

　もうひとつは、セキュリティがサービスの使い勝手を悪くしてしまう場合があるということです。

　利用者の個人情報を預けるサービス、金銭に関係するサービスであれば、セキュリティがしっかりしていないと安心して使えない、というのは当然でしょう。し

かし、多くの場合、安全を確保するためにユーザーに何かの操作を求めることとなり、それらに対してユーザーが不満を持つことも考えられます（図1.3）。

図1.3　セキュリティはユーザーの手間を増やす

　例えば、最近でこそ多要素認証を使ったサービスは増えていますが、IDとパスワードを入れたあとに、さらにひと手間かけなければならないことが「利用者に不便を強いる」と見られていたこともありました。セキュリティ管理策はシステムの使い勝手に影響を与えるため「効果が見えにくい」、「どの程度までやればいいのか分からない」という声はよく聞かれます。

1.1.3　サービスの目的を意識する

　こうしたセキュリティ業務の特徴を理解したうえで、より良いサービスの実現に貢献するには、その目的や実現する価値に目を向ける必要があります。
　セキュリティの仕事はさまざまな要素があり、それらのひとつひとつを突き詰めていくと「最高の石切職人」になりがちです（図1.4）。

図1.4　サービスの目的を意識する

サービスに関わる人が、「教会を作る」＝「良いサービスを作る」ことを意識できれば、そのサービスにおいて、セキュリティはどのように位置付けられるか、さまざまな機能やサービスにかけられるコストとのバランスをどのようにとるのかを共有できます。

セキュリティの技術やサービスの特徴を理解したうえで、より良いサービスの実現に貢献するためには、「このサービスや機能は何のために必要なのか」を問い続ける好奇心が求められるでしょう。

AWS を使ってセキュリティを考える場合も、AWS が提供するさまざまなサービスや機能の組み合わせを考える必要があります。その選択肢を考えるための判断基準は、たんなる AWS の知識だけではなく、セキュリティの観点から全体を見る視線なのではないかと思います。

1.2 クラウドとセキュリティ

次に、クラウドを使ってシステムを作るうえでのセキュリティのポイントについて考えていきましょう。現在、クラウドは広く普及し、システム作りの前提ともなっていますが、クラウドに対する期待が高まる一方で、利用に対する不安が意識されていることも知られています。

1.2.1 クラウドを取り巻く現状

日本においてもクラウドの利用は進んでいるという統計が出されています。例えば、総務省が発行している『令和三年版 情報通信白書』[2] においては、一部でもクラウドを利用している企業の割合は 68.7％（2020 年に対する調査）であり、前年の情報通信白書の 64.7％から、4.0 ポイントの伸びを見せました。

本書を手にしていただいた方のなかにも、クラウドを活用して新たなサービスをより迅速に構築したり、運用の負荷を軽減したりしようと考えている方がいることでしょう。

■ クラウド導入はビジネスの課題

実際に AWS の Web サイトやブログを見ても、政府や金融機関からスタートアップ企業まで、さまざまなクラウドを活用したサービス構築の事例が日々公開されています。また、昨今は DX[3] の手段としても、より変化に強いインフラスト

---

[2] https://www.soumu.go.jp/johotsusintokei/whitepaper/r03.html
[3] デジタルトランスフォーメーション。IT を活用して組織変革や業務変革をすすめていくこと

ラクチャとしてのクラウドが注目されています。ただし、こうしたクラウドの利活用が日本で十分なスピード感をもってなされているか、という観点では「思ったよりも進んでいない」という声も聞かれます。

● クラウドへの不安

ガートナージャパンの位置付けによると、日本はクラウドの普及が米国に比べて7年程度遅れている「抵抗国」とされており、「相当にスローな状況」であると報告されています[4]。

こうした原因に関して、クラウドへの移行は当たり前と思い始めている一方、実際の導入には引き続き慎重であり、スキルの獲得は現場任せになっている現状があるとしています[5]。

前述の情報通信白書の令和二年度版[6] には、クラウドサービスを利用しない理由についての調査があり、1位が「必要がない」(45.7%)、2位が「情報漏洩などセキュリティに不安がある」(31.8%)、3位が「メリットが分からない、判断できない」(17.8%)であったと報告されています。これを見ると、クラウドの特徴への本質的な理解と、その利用におけるセキュリティの不安が障壁になっていることが分かります。

● クラウドによるセキュリティの向上

グローバルではセキュリティの向上を理由にクラウドサービスを選択し、活用している多くの事例も挙げられます。例えば、物理的な設備の運営からアプリケーションまで、すべてを自社で運営することは非常にコストもかかり、業務負荷も大きくなります。加えて、多くの関係者がサーバーやネットワークにアクセスできるオンプレミス[7] の環境は、セキュリティ事故が発生する可能性が高まることも懸念されます。こうした物理設備の管理や仮想化基盤の管理は AWS に任せ、自分たちはその基盤上のアプリケーションやネットワークの管理に注力するという役割分担によって、管理の効率化とセキュリティ効果を高めているケースもあります（図 1.5）。

---

[4] 「ガートナー、日本におけるクラウド・コンピューティングの導入率は平均18%との最新の調査結果を発表」（https://www.gartner.com/jp/newsroom/press-releases/pr-20200514）
[5] 特に意思決定を担う層が十分なスキルを獲得できていない現状に対して、「クラウドを自分で運転」できる人材の育成が必要であると提言をしています。
[6] https://www.soumu.go.jp/johotsusintokei/whitepaper/r02.html
[7] ユーザーが物理的に所有するシステム

1

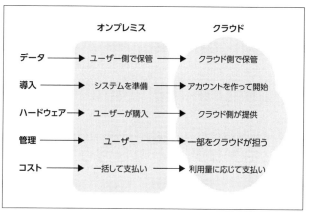

図 1.5　オンプレミスとクラウドの違い

1.2.2　学習環境としてのクラウド

　AWS のようなクラウド事業者がどのようにセキュリティを管理しているかを理解できないと、セキュリティを任せられないと考えることは自然なことです。AWS ではさまざまなホワイトペーパーや第三者の監査レポートの開示、認証制度への取り組み、カンファレンスのセッションなどを通じて、AWS 自身がどのようなセキュリティ管理を行っているかを説明しています。

　ただし、利用者の不安を払拭するにあたっては、実際に使ってみる機会やクラウド自体の理解がまだまだ不足している面もあります。技術はたんにその知識を得るだけでは使いこなせるようにはなりません。いくら本を読んでも泳げるようにならないように、実際に触れて、体験し、ときには失敗することで身についていきます。学習するうえでのクラウドのメリットは、実際に触れる環境を素早く簡単に用意できることでしょう（図 1.6）。

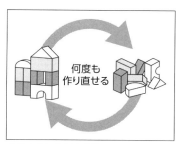

図 1.6　クラウドではブロックのように作り直せる

　クラウドでは、ローカルの PC の環境に依存せずに実験環境を作れます。うまくいかなくなったら、その環境を捨ててやり直すことも、一度作った環境を複製して再利用したり配布することも可能です。

　「いくらでも試せる、失敗できる」というのは学習環境として最適であると言えます。本書では AWS におけるセキュリティを題材に、後半のパートでハンズオンで操作できる環境なども紹介していきます。

1.3　セキュリティと付き合うには

　それでは、クラウドを含めたセキュリティの課題とうまく付き合っていくにはどうすればよいのでしょうか。ここでは、そのためのポイントを見ていくことにします。

1.3.1　IT セキュリティの課題

　IT のセキュリティを扱ううえでの課題として、筆者はすくなくとも次の 3 つが存在すると考えています。

- 理解

　「理解」は知識やスキルとも言い換えられるでしょう。「セキュリティ人材の不足」といったニュースがメディアに上がることがありますが、IT の業務に関わる人でも誰もがセキュリティに詳しいわけではありません。また、セキュリティに詳しい専門家でも、クラウドのセキュリティやクラウドを活用したセキュリティまで網羅している、という方もまだ少ない現状があります。

- 負荷

　IT システムを運用するには、監視や変更管理、バグの修正、セキュリティインシデント[8] が起きた際の対応など、何らかのかたちで「運用」が発生し、そこには人手がかかります。セキュリティの業務は、「OS やミドルウェアに脆弱性が見つかったらパッチを当てる」、「不正な通信が来ていないか、もしくは自分の環境から不正な通信が出ていないかの監視を行う」など多岐にわたります。データが消失した際に備えてバックアップを取得するなどの運用も必要でしょう。IT の運用においてセキュリティは負担の大きな仕事になるわけです。

- 不十分なリソース配分

---

[8]セキュリティ上の脅威を生じるような重大事案

これは、すこし難しい言葉だと「経営資源の配分」、ということになります。「お金や人（運用要員など）をどの程度セキュリティにかけられるか」ということです。セキュリティパッチの適用やバックアップなどのセキュリティの運用は、その貢献具合が数字やかたちに表れにくいものです。「水と安全はタダ」、というのは日本人の感覚を表す言葉としてよく使われますが、セキュリティも基本的には守れていて当然、何か事故があった場合のみ、「管理策が不十分」というかたちでクローズアップされてしまうケースが多いのではないでしょうか。

ITサービスにおいては、そのサービスで実現したいことが最重要であり、セキュリティはそれを支えるもののひとつであるという位置付けを理解する必要があります。セキュリティに対する関心の高まりであったり、規制要件の遵守という観点から、セキュリティに対する投資の機運はすこしづつ高まっています。しかし、どんなにセキュリティが高いシステムであっても、そもそもそのサービスが価値のあるものでなければ使ってもらえませんし、逆にキュリティが理由で非常に使いにくくなっているサービスも、喜ばれるものではありません。

1.3.2 学びと経験

クラウドはITをより有効に活用できる手段であるものの、やはりある程度は「学び直し」が発生します（図1.7）。

図1.7 学びと経験

また、ITを運用したり既存の環境を守っている立場の人からすると、新しいものを取り入れるよりも安定した今の環境を維持したいというモチベーションが働いてしまうこともあります。すると、どうしても、新たな技術やサービスに対し、

「実績や事例が少ない」、「○○に関するリスクがある」という、採用しないための理由を探してしまうケースがあると思われます。

一方、セキュリティに対する攻撃は高度化、巧妙化していくために、守る側も常に進化しなければなりません。クラウドを利用しなくても情報漏洩や個人情報の保護など、IT にはセキュリティ上のリスクが存在しますし、実際にさまざまな事故が発生しています。守るための手段のアップデートも必要です。

セキュリティサービスを提供している事業者自体がクラウドを活用してサービスを強化していることも多く、クラウドを活用することでセキュリティをより高められるという側面もあります。

ここまで、課題を中心としてセキュリティをとりあげてきましたが、一方でセキュリティに取り組むことはやりがいもあり、また、システムやサービスをより深く理解するためにも有益です。

「狭く、深く」専門性を突き詰めることではなくても、「広く、浅く」セキュリティを理解していくことは、IT に関わる皆さんにとって有益な知識や経験となります。

本書を通じてセキュリティをより効果的に、正しく学んでいただくきっかけになればと思います。

□　　　　□　　　　□

次章では、セキュリティ活動を「責任」という観点で見た場合の性質について説明するとともに、利用者とクラウド事業者が互いに責任を負う「責任共有モデル」の考え方について説明していきます。

第2章
セキュリティと
責任共有モデル

　本章では、「責任」というキーワードを切り口にクラウドとセキュリティの課題を説明していきます。AWS にはさまざまな種類のサービスがありますが、実際にシステムを構築してみると、「Web サーバーを立ち上げる」、「コンテンツを保管する」など、実現できることはオンプレミスと同じではないかと思うことがあります。ただし、クラウドではユーザーが自身で責任を受け持つ範囲とクラウド事業者が受け持つ責任の範囲が分離しているという構造があります。

　ここでは、システムにおける「責任」の性質と、その受け持ちの範囲を分ける「責任共有モデル」という考え方について解説します。

2.1 「やるべきこと」を考える

　セキュリティにおける「責任」について考えるにあたり、まずは、一般的なセキュリティ管理策を検討する際の手順を考えてみましょう。こうすると、管理策において「やるべきこと」が見えてきます。

2.1.1 セキュリティ管理策の検討ステップ

　組織のセキュリティ管理策を考える際、一般に次のような 2 つのステップを踏むと考えられます。これらは IT のシステムに限らず、すべての分野に当てはまりますが、こうしたステップを踏むことで、実際に取り組むべき事項やその程度を明確にできると考えられます。

◉ 「何が期待されているか（WHY や WHAT）」を考える

セキュリティ管理策を検討する際、まずはサービスに期待されているセキュリティを理解する部分がポイントとなります。実装までのプロセスは本書の以降の章でも解説しますが、期待されているセキュリティの程度や内容はどのようなものかを把握するステップが必要です。例えば、個人情報を扱うサービスや金融情報などを扱うシステムは、規制やガイドラインなどのかたちで求められるセキュリティの実装レベルが明示されていることもあります。

また、状況に応じて対応するためのセキュリティ情報を得たり、必要に応じてサービスの設計や運用を見直すことも求められます。「新しい攻撃手法が見付かった」、「ほかの組織が被害を受けた」などの場合は、緊急に対応しなければならないこともあるでしょう。

◉ 「どのように実現するか（HOW）」に落とし込む

次に、さまざまなサービスを作ったり運用したりするうえで、自分や組織がどれだけのリソース（手間や人）を配分できるかを考えます。こうすることで、サービスをとりまく期待と現実が見えてきます。

結果として、セキュリティを十分に満たすために、外部に委託できるものと自分がやらなければいけないものの線引きができるようになります（図 2.1）。

図 2.1　自分自身でできることを見極める

とくに大事なのは、「やるべきこと」と自身が「できること」のギャップを正しく認識できるようにしておくことです。セキュリティにおいて、この「やるべきこと」を別の言葉で表すと「責任」ということになります。

この責任を負う人は責任の種類によって異なる場合があります。これを自動車を例に考えてみましょう。

2.1.2 自動車の利用と「責任」

自動車を購入して実際に運転する（運用する）場合にも、さまざまな「責任」が存在します。

自動車にはブレーキやエアバッグなどのさまざまな安全装置があり、自動車メーカーそれらの品質に責任を負っています。自動車に安全に関する何らかの欠陥が見付かった場合は、それらに対してリコール制度を通じた対応を行う責任はメーカーにあります。

一方、自動車のハンドルを握って操作し、車検などを通じて適切な管理を行う責任はドライバーにあります。これは、プロのドライバーでも、日頃は運転していないペーパードライバーの方でも同じであり、ドライバーは同じ責任を認識したうえで自動車を利用する必要があります（図2.2）。

図 2.2　ハンドルを握る「責任」

また、いくらディーラーが「うちの車は安全です」と言ったとしても、ドライバーがそれを鵜呑みにするわけにはいきません。保険をかけたり、さまざまな機能を理解したりする責任はドライバーが受け持つことになります。

自動車の技術は日々進歩していますが、運転においてドライバーがハンドルを握り、責任を持つことは当面変わらないと考えられます。つまり、自動車の運転において基礎となるのはドライバー自身が一義的な責任を認識しているということです。一部の責任をメーカーや保険会社に委託することはできますが、整備の責任、安全にハンドルを握るなどの運用の責任は最終的にドライバーに帰属すると言えます。

2.2 説明責任と実行責任

ITにおける組織やサービスを対象として「責任」を考えた場合、責任は大きく次の2つに分けられます。

- 説明責任（Accountability）
- 実行責任（Responsibility）

このうち、**説明責任**というのは、「何が期待されているか（WHY / WHAT）」に相当し、管理策の目的や意味を利用者や株主、従業員などに明らかにすることを指す責任となります。

一方、**実行責任**とは、「どのように実現するか（HOW）」に相当する責任です。仕事を任されて、その指示を踏まえて確実に実施することはこちらの実行責任に関わります（図2.3）。

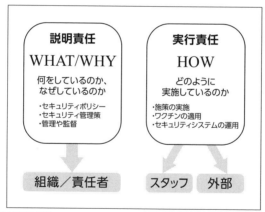

図2.3 説明責任と実行責任

こうした責任の違いは実施するタスクの内容に限られるわけではありません。実行者から見た性質にも認識しておくべき違いがあります。

2.2.1 実行責任はアウトソーシングできる

システムやサービスの構築や運用の多くは専門的な知識や設備が必要になります。こうしたなかで技術や知識を持つエンジニアやアーキテクトが設計や開発、運用に携わることは一般的です。

　これを責任という側面から見ると、実行責任を担えるだけの能力を有している組織や個人がその業務に従事しているということにほかなりません（図2.4）。さきほどの自動車の例でも、整備や補償の責任のアウトソーシングが紹介されていました。

図2.4　実行責任はアウトソーシングできる

　例えば、ウイルス対策であれば、パッチの作成／提供や検知のメカニズムをウイルス対策ソフトベンダーに任せることが一般的です。もし自社で一からウイルス対策を行わなければならないとしたら、専門のエンジニアを雇ったり、ワクチンを開発するなど、多大なコストを払うことになります。
　ITの運用管理をアウトソーシングしている会社があるように、「どのように実施するか」という実行責任の側面はほかの組織などに委任できるわけです。

2.2.2　説明責任はアウトソーシングできない

　一方の説明責任ですが、これは簡単に誰かにお任せすることはできません。誰かに管理を任せる（実行責任を委譲する）場合でも、「なぜ任せたのか」、「どこまでを任せる判断をしたのか」、「どのように管理／監督を行ったのか」など、利害関係者の納得が得られる回答を用意する必要があります（図2.5）。
　例えば、個人情報を取得する場合、個人情報保護法に基づいてその利用目的を明示する責任が生じます。社会を騒がせた事件や事故のあとで、「部下がやったことで私は知りませんでした」という対応になるケースがありますが、残念ながらこれでは十分な「説明責任」を果たしているとは言えないでしょう。

図2.5 説明責任はアウトソーシングできない

2.2.3 クラウドにおける「責任」

このように IT の世界に限らず、責任にはアウトソーシングできるものとできないものがあります。これをクラウドに当てはめた場合、クラウド事業者はユーザーの持つ責任の一部を委譲されたものになります。

つまり、システムを各種のレイヤーに分けたうち（多くの場合は）そのシステムの基盤となる部分はクラウドの事業者が責任を持ち、契約の範囲での保証を与えることになっています。これが、クラウドにおける「責任共有モデル」の考え方であり、オンプレミスのシステムとクラウドとの大きな違いにもなっています。

2.3 セキュリティにおける責任共有モデル

AWS ではクラウドサービスを提供する事業者である AWS とユーザーの関係を**責任共有モデル**（図2.6）として表現しています。

例えば Amazon EC2（Elastic Compute Cloud）を使って Web サーバーを立てている場合、OS を利用できる環境を安定的に提供する責任は AWS が受け持ちます。一方、OS やミドルウェアのパッチをアップデートする責任は利用者にあります。このようにユーザーから委譲された範囲の責任をクラウド事業者（AWS）が担当するのが責任共有モデルです。

クラウドには、オンプレミスのシステムでユーザー自身が実行責任を担っていた範囲をクラウド事業者に部分的に委任できるという特徴があります。ハードウェアを所有しない、リソースの無駄を省くといった資産的なメリットが強調されるクラウドですが、このようにクラウド利用者の実行責任の負荷を軽減できる点も大きな特徴となります。

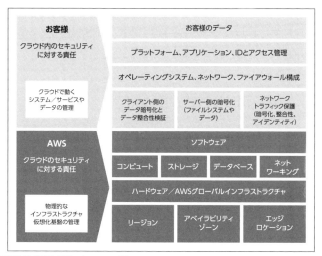

2

図 2.6　責任共有モデル (https://aws.amazon.com/jp/compliance/shared-responsi bility-model/ より)

　セキュリティの分野でも、AWS には、ユーザーの権限を管理する AWS Identity and Access Management (IAM)、攻撃やその予兆を検知する Amazon GuardDuty のようなサービスがあります[1]。これらは、簡単な操作でいつでも利用でき、AWS が動作に責任を持ちますが、「どのように設計し、どのように運用するか」については利用者が考えることになります。

> ### Column 社会に見られる責任共有モデル
>
> 　責任を共有する、ということはクラウド特有のものではなく、多くの契約は何らかの責任共有になっています。責任の所在が曖昧になると、何らかの事故が起きたときに混乱が生じます。大切なのは、サービスを使うときに、どこからどこまでがサービス事業者の責任で、どこからが自身の責任なのかを理解することです。
>
> 　このように見てみると、「責任共有モデル」はクラウドに固有の考え方ではなく、本来、契約などにおいて、互いの責任範囲を理解したうえで、求められる水準を満たしていこう、という考え方のことになります。

　一般的にはクラウド事業者が管理する物理層や仮想化基盤に対するセキュリティ

---

[1] これらについては本書の第 2 部以降で説明していきます。

を「Security 'of' the Cloud」、つまり「クラウド 'の' セキュリティ」と表現します。一方、クラウド上にユーザーが構築／運用する環境に対するセキュリティを「Security 'in' the Cloud」、つまり「クラウド 'における' セキュリティ」と表現します。

2.3.1　Security 'of' the Cloud

　AWS の**クラウドのセキュリティ**（Security of the Cloud）では、AWS で提供されるすべてのサービスを実行するインフラストラクチャの保護が、AWS が責任を負う範囲です。このインフラストラクチャは、サービスを実行する施設／ハードウェア／ソフトウェア／ネットワーキングなどで構成されます。

　AWS は仮想化技術を使ったサービスですが、もちろん物理的なデータセンターが世界中に存在し、そこでは可用性管理や物理的なセキュリティなど、安定して安全なサービスを提供するための活動が行われています。こうした責任は AWS が担い、ユーザーが関与することはありません。

　例えば、鉄道やバスなどの公共交通機関や電力などのインフラサービスを使うとき、その事業者の運用やシステムの詳細を認識しなくても、その事業者の提供するサービスを利用しているかと思います（図2.7）。

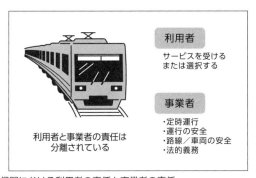

図 2.7　公共交通機関における利用者の責任と事業者の責任

　こうしたサービスを安全に提供する責任を AWS が担っていると言えます。

2.3.2　Security 'in' the Cloud

　クラウドにおけるセキュリティ（Security in the Cloud）ではユーザーの責任が、選択したクラウドのサービスに応じて変化します。利用するクラウドのサービスによって、自身が実行するセキュリティ対応の量が決定されます（図2.8）。

図 2.8　乗客は利用の「選択」ができる

2

　例えば、OS 環境を提供する EC2 などの場合、必要なセキュリティ構成および
管理のタスクはユーザー側で実行する必要があります。EC2 インスタンスをデプ
ロイした場合、ユーザーは、ゲスト OS の更新やセキュリティパッチ、アプリケー
ションソフトウェアやユーティリティの管理、セキュリティグループと呼ばれる
ファイアウォールの構成に責任を負います。

Column **Security 'by' the Cloud**

　利用者と AWS それぞれが持つべき責任について説明しましたが、自分
の環境やサービスにセキュリティを導入する場合は、さまざまなサードパー
ティーのソリューションを活用する機会があるでしょう。

　典型的な例では、EC2 上にユーザーがサードパーティー製のウイルス対策
ソフトを導入しているケースがあります。こうしたウイルス対策ソフトは、
おもにネットワークを通じで継続的にアップデートしていく必要があり、大
量のアップデートのリクエストに応えられる配信プラットフォームとしてク
ラウドを利用することがあります。また、従来は IaaS (Infrastructure as
a Service) 上に構築していたサービスが SaaS (Software as a Service) と
して提供されるようなケースも増えてきました。WAF (Web Application
Firewall) は運用に手間のかかるセキュリティサービスのひとつですが、シ
グネチャの管理やトラフィックの精査などに SaaS を利用できるものも登場
しています。

　このように、クラウドを使ったサービスによってセキュリティを高めるこ
とは「Security 'by' the Cloud（クラウド 'による' セキュリティ）」と言
えます。従来は組織のネットワーク中に閉じた「要塞」のようなものを作る
ことが一般的でしたが、近年は進歩していくサービスをうまくつなげるアプ
ローチがトレンドになっています。このようなサービス事業者を知った場合
は、そのサービスが「クラウドのどのようなメリットを活かしているのだろ
うか？」、このようなサービスを使うと「自社にどのようなメリットがある
のか？」という観点で評価してみると理解が深まると思います。

Amazon Simple Storage Service (S3) や Amazon DynamoDB などの抽象化されたサービスであれば、AWS はインフラストラクチャレイヤー、OS およびプラットフォームなどを安全に運用します。ユーザーは、エンドポイントにアクセスし、データの管理（暗号化オプションを含む）、アセットの分類、IAM ツールでの適切な権限の適用を行います。

2.3.3　サービスによる責任範囲の違い

責任共有モデルの理解で重要なことは、「クラウドにはさまざまなサービスがあり、その責任範囲はサービスによって一様ではない」ということです。これは**サービスレイヤー**という考え方で表現されます。

EC2 などのサービスを使う場合、ゲスト OS 上の管理はユーザー自身が実施することになります。このモデルにおいても、物理的なセキュリティ、仮想化基盤の管理などは AWS が行っているため、一定のセキュリティや運用管理の負荷からは解放されます。オンプレミスの世界であれば、データセンターの中の配線を行ったり、ハードウェアの調達および設定、OS の導入を行う負荷がありました。クラウドはこれらの部分をサービス化しており、AWS の提供するコンソール（マネジメントコンソール）から操作するだけで世界中にサービスを展開できます。

IaaS では、ユーザーが OS の責任を持つので、あまりメリットを感じられないこともあるかもしれません。しかし、EC2 のモデルは、従来の IT システムと同じような設計や運用が可能というメリットがあり、同時にインフラストラクチャについては AWS へのオフロードが可能です（図 2.9）。

図 2.9　負荷とコントロールのバランス

ほかのモデルでは、ユーザーが管理しなければいけない範囲がより狭くなります。このようなことを「抽象度が上がる」と表現しますが、パッチの適用／バックアップ／負荷に合わせたリソースの増減などを AWS がユーザーに代わって実行することにより、ユーザーはそのぶんの負荷をほかの業務に振り分けられるよう

になります。マネージドサービスやサーバーレスアーキテクチャを活用して自分達のサービスを構築した場合、従来は必ず行っていた OS やミドルウェアのアップデートに関わる運用負荷を大幅に減らすことができます。これにより少人数でのサービス運用が可能となるかもしれません。また、大規模な組織であれば、より高度な運用に経営資源を振り分けられるかもしれません。

2.3.4　サービスレイヤーに基づく責任共有のパターン

クラウド事業者とユーザーの役割はサービスレイヤーごとに異なりますが、これにはいくつかのパターンがあります。おおまかには、3 つの責任共有のパターンが存在します。

> インフラストラクチャサービス：仮想化基盤をクラウド事業者が管理し、その上にユーザーが構築した環境はユーザー自身が管理する
> コンテナサービス：ユーザーはミドルウェアを管理する[2]
> アブストラクトサービス：ユーザーはデータへのアクセスコントロールや暗号化の可否などを設定する

一般には IaaS や、PaaS[3]、SaaS といった言葉があり、比較的近い概念と言えますが、上記の分類はビジネスモデルというよりサービスにおける管理責任に注目した考え方と言えます（図 2.10）。

図 2.10　各クラウドのサービスモデルとオンプレミスの管理範囲の違い

AWS にはさまざまなサービスがあり、パッチの適用やバックアップまで AWS

---

[2] この場合のコンテナサービスは、Docker などの一般的なコンテナサービスではなく、管理をクラウド事業者と利用者が分担するマネージドサービス等を指します。
[3] Platform as a Service

が実施してくれるサービスもあれば、利用者がスクラッチで設計／運用することで高い柔軟性を獲得できるサービスもあります。「クラウドを使いこなす能力」とは、組織の運用能力や成熟度、IT に対する管理方針などを踏まえて、必要なサービスを選択し、組み合わせられることとも言えます。

特にセキュリティの分野においては、従来からさまざまなソリューションがベンダーから提供されています。AWS が提供するサービスで、抽象度の高いものを採用できるとすれば、運用負荷の軽減という意味でメリットが出ます。

2.3.5 抽象度を考えてサービスを選択しよう

セキュリティにおける「やるべきこと」と「できること」が理解できていれば、サービスの選択肢がより明確になります。また、さらに高いセキュリティを実現するためには抽象度の高いサービスをベースに運用負荷を軽減し、そのぶん高度な監視や対応の自動化を実現したり、より素早い運用上の変更管理ができるようなアーキテクチャを採用していくという考え方もあります（図 2.11）。

図 2.11　抽象度を選択する

大切なのは、さまざまな責任共有モデルに基づくサービスがあるからといって、あるサービスレイヤーに寄せなければいけないわけではないということです。システムを構築する場合は、AWS を始めとしたサービスを組み合わせ、ソフトウェアの外部調達や自身による開発も含めてさまざまな選択を行います。自分たちの持つ管理要件や運用にかけられる資源などの制約を踏まえ、適切なサービスの組み合わせができることが良いビルダー（サービスの設計や開発を行う人たち）の条件のひとつです。

2.4 責任共有モデルとの付き合いかた

責任共有モデルは、セキュリティに限らずクラウド全般を理解するうえで重要な用語です。要は、「利用者とクラウドサービスの提供者が責任を分担し、必要とされる要件を満たすこと」なのですが、人によっては「クラウド事業者は責任を線引きしている」と思うかもしれません。

ここでは、「責任共有」の考え方を踏まえてセキュリティをより深く理解するためのポイントをお伝えしていきます。

2.4.1 アグリーメントを理解しよう

AWS がどのような責任を有しているかは、カスタマーアグリーメントやサービスレベルアグリーメント等により、契約というかたちで利用者に示されています（図2.12）。

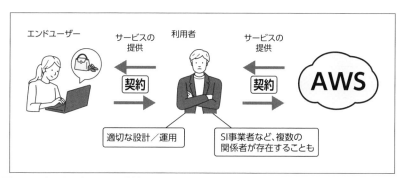

図2.12　クラウドをめぐる関係者と責任

AWS が実施しているセキュリティが十分なのかは多くの AWS 利用者にとって関心の高いところです。とはいえ、利用者が AWS のデータセンターに訪問することは許可されていませんし、場所も公開されていません。しかし、AWS では多くのドキュメントや Webinar などのセッション、監査レポートの公開などを通じて、「AWS 自体はどのようにセキュリティを守っているのか」を伝えています。

AWS の Web サイトには、ホワイトペーパーを紹介するページがあり、ここでは誰でも AWS が発信しているセキュリティや開発／運用のベストプラクティスに触れられます。

ただし、ホワイトペーパーなどは、AWS 自体が「自分たちはこのように管理

している」と表明をしているものです。情報としてより高い信頼を得るためには、当事者ではない第三者が適切な基準に基づいて評価をした結果を確認できるほうが有効です。そこで、AWS のアカウントを持っている方は、AWS のサービスのひとつである AWS Artifact[4] から、さまざまな監査レポートを入手することができます。

これは、AWS との守秘義務などの一定の制約のもとに第三者による監査の結果などを開示するものです。公開情報ではありませんが、さまざまな基準への準拠などを専門家である監査人が監査した結果などをいつでも確認できます。こうしたレポートを有効に活用すれば、クラウド事業者へのインタビューや訪問などのセキュリティ評価の時間を削減できます。

2.4.2　DDoS 攻撃とクラウドの活用

ここでは、責任共有モデルを踏まえたセキュリティ分野におけるクラウドの活用を考えてみましょう。例として、代表的なサイバーセキュリティ上の脅威である DDoS 攻撃を考えてみます。

DDoS は「Distributed Denial of Service」の略で、多数の攻撃元から大量のトラフィックを攻撃対象に浴びせることでサービス自体を停止に追い込むものです[5]。DDoS 攻撃に対して、従来のオンプレミスの環境では利用しているハードウェアの性能の限界が耐性の限界となっていましたが、クラウドではこうしたトラフィックの増加に合わせて柔軟にリソースを増強することにより、攻撃を受け止めることも可能になりました。

一方、サーバーを柔軟にスケールすることでトラフィックを受け止めることにマイナスはないのでしょうか。これは、例えば次のようなことが考えられるでしょう。

- スケールアップの遅延
  例えば、トラフィックの増加が想定よりも急激であった場合、サーバーの増強を図ったとしても対応が追い付かず、結果としてサービスの中断が発生してしまう可能性があります。

- 従量課金制の問題
  クラウドはオンデマンドのリソースに基づく従量課金が基礎であり、大規模なトラフィックを受け止め切れた場合でも、増加したリソースぶんの余剰な

---

[4] https://aws.amazon.com/jp/artifact/

[5] 悪意の第三者によるセキュリティ上の脅威ではないものの、意図しないタイミングで大量のアクセスが集中する場合もあります。「扱っているサービスがメディアに露出する」、「台風などの災害時に自治体などのサービスにアクセスが集中する」などです。DDos 攻撃ではないものの、本来利用したいときに利用できないという意味ではこれらも同様の事態と言えます。

　コストが発生することになります。

　こうした観点においても、前述の責任共有モデルに基づき、さまざまなセキュリティの運用をクラウド事業者にオフロードすることは可能です。例えば、AWSを利用するユーザーは、AWS Shield というサービスによって一定程度の DDoSの対策は AWS 側の責任によってなされることになります[6]。また、AWS にはシステムの増強を自動化する AWS Auto Scaling などのサービスがあり、トラフィックの増減に合わせたスケーリングなどを AWS 側の責任にオフロードすることも可能です（図 2.13）。

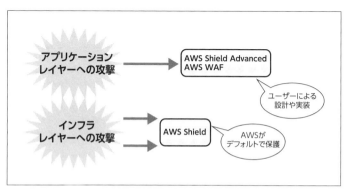

図 2.13　DDoS 対策と AWS

　低減された負荷やコストを踏まえ、より安価で効率的なサービス運用を享受することもできます。一方で、減らしたぶんの運用コストをより高度なセキュリティの実装に配分するという考え方もあります。

　また、セキュリティの実装形態をユーザーが選択できるということ自体も大きなメリットです。自分の趣味や責任を持てる範囲で AWS 上のサービスを利用するのであれば、ある程度 AWS に任せてしまう運用もあるでしょう。一方、業務委託など、契約に基づいてユーザーのサービスを設計する場合など、規制要件やユーザーのポリシーによって利用できるサービスなどが限られるケースがあります。特にクラウドの利用にまだ不安を抱いているユーザーや業界などは、あえてよりきめの細かい運用を選択する場合もあります。

　組織のクラウドに対する理解や成熟度に合わせた広い選択があることは、クラウド活用の大きなメリットです。クラウドは、利用者が「本来すべきこと」に集中できる環境が用意されていることで、資源を自身のサービスの向上や改善に資することができる点に活用の意義があります。一度設計され、運用が開始された

---

[6]基本機能である Shield Standard は、すべてのユーザーにデフォルトで適用されます。

あとでも、セキュリティを含めたさまざまなサービスのアップデートの恩恵を取り入れられるよう、定期的な設計の見直しやアップデートの評価を行うことも望ましいでしょう。

□　　　□　　　□

　スポーツのディフェンスでもそうですが、守るべきポイントが多ければ、それだけ被害を受ける可能性が高まります。責任共有モデルを踏まえた分担や、AWSのさまざまなサービスを選択肢としたセキュリティ運用の効率化は、利用者にとって「より守りやすい」環境を提供していくことになります。

第3章
ガバナンスと
セキュリティの要件

　本章では、「組織全体でセキュリティやその管理をどのように考えるか」という点を解説していきます。まず、組織の在り方を考える際に必要な「ガバナンス」と「コンプライアンス」の考え方に触れ、その後、IT のセキュリティを構成する 3 つの要素を紹介していきます。

3.1　ガバナンスやコンプライアンスって？

　組織の在り方などを伝える際に「ガバナンス」や「コンプライアンス」という言葉が使われることがあります。特にその対象を企業とした場合には「コーポレートガバナンス」と表現することも多くあります。

3.1.1　「ガバナンス」は「統治」？

　ガバナンスは日本語だと「統治」と訳されることが多いのですが、「統治」という言葉自体、ビジネスの現場で使われるケースが多いわけではありません。なんとなく「組織を治めることだな」というイメージは沸くものの、実際にはどのような意味なのかをとらえるのはすこし難しいと思われます。

　一方、**コンプライアンス**は「法令順守」と訳されることが多いのですが、その意味としては、たんに法律を守る、ということだけではなく、「社会規範等に逸脱しないこと」であったり、「道義的な責任」というものを含む場合もあります。もともと欧米で発想された概念は、無理に日本語に当てはめると本来の意味が失われてしまうことがあります。異なる業界や文化においては、一般的な語義とは多

少異なる意味で使われているかもしれないと意識するのがお勧めです[1]。

3.1.2 セキュリティにおける位置付け

セキュリティの世界における「ガバナンス」、「コンプライアンス」の意味を確認すると、次のようになるでしょう。

- ガバナンス
  組織が健全な経営を行うための機能やプロセスを指します。例えば、企業に出資している株主に説明責任を果たすために、組織が正しく機能していることを示すプロセスであったり、不正行為などを未然に防ぐための管理や監督のためのプロセスの総称です（図3.1）。

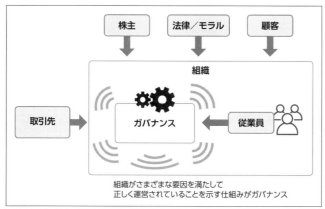

図3.1　ガバナンスの役割

- コンプライアンス
  たんに法令を守ることを示すのではなく、組織が社会や世間の期待に応えているか、組織自体が社会に価値貢献をするために掲げたミッションを適切に促進しているかを管理するプロセスといえます（図3.2）。

例えば経営者が、「今、自分の組織で何が起きているのか（もしくは起きていないのか）」を把握できなければ、説明責任を果たすことはできず、ガバナンスが実現できていないことになります。今日の多くの組織でガバナンスを実現するには、不確実や不正確な処理を少なくし、いかに組織の状況が「見える化」できるかが

---

[1]特に技術の発展が激しい分野では、言葉の意味が短い期間で変わることもあります。

図 3.2　コンプライアンスの役割

大切になります。一方で、すべての業務プロセスが人手で行われているのであれば、そこにはミスや不正が紛れ込んでいる可能性が高くなります。

3.2 「脆弱性」にどう対処するか

　業務プロセスにおいてミスや不正の紛れ込む可能性を、セキュリティの用語では**脆弱性**と表現します。脆弱性は一般的にはソフトウェアのバグ、ネットワークやシステムの設定上の不備などが挙げられ、外部的な脅威と結びつくことで被害をもらたすきっかけとなるものです。脆弱性は設計や実装上のミスで作り込まれてしまうものもあれば、さまざまな研究や調査などで後日発見されるものもあります。

　そして、これらに対して IT 技術が対処できることは多くあります。

3.2.1 脆弱性は人から生まれやすい

　人間という存在を組織を構成するひとつのサービスと考えると、その脆弱性としては次のようなものがあるでしょう。

- 忘れる
- ミスをする
- 感情や状況によって判断や発言をする場合があり、処理の一貫性に欠ける

　人間は、プログラムのような機械的な処理に比べればミスは多くなりますし、

ときにはサボることもあるかもしれません。自分が生活に困っていたり、所属している組織に悪意を持っている場合、何らかのかたちで不正ができる状況があり、かつ「絶対に見付からない」という状況であれば、実行する可能性も考えられます。また、複雑な計算処理などはすべての人が得意なわけではありませんし、すばやく処理できるわけでもありません。

3.2.2 ガバナンスを高める道具としての IT

　一方、機械やプログラムはこうした種類の脆弱性を持つ可能性は低くなります。
　プログラムは、単純な業務を何万回繰り返したとしても高い一貫性をもって結果を出力します。さらに、プログラムで動いていれば、実施内容を記録して出力することも容易です。プログラムのログを記録して確保し、業務になんらかの不具合（エラー）があれば、それをログから発見して対応できるようになります（図3.3）。

図3.3　IT は人よりも正確に「処理」する強みがある

　こうした環境が積み重なれば、より組織としてしっかりと管理や監督ができる状態を作り出せるわけです。セキュリティの用語としては、これを**統制**と呼んでいます。
　そのため、多くの業務を IT が肩代わりしていくことは、さまざまな業務処理の効率性を高めるのと同時に、（適切に管理されていれば）人間が行うより有効な業務の処理を約束してくれるものとなります。
　つまり、ガバナンスを強化するためには、IT を有効に活用することがますます重要になってきます。

3.2.3 ITガバナンスを考える

ところで、ITがさまざまな統制を肩代わりしてくれるからといって、それを全面的に信頼してしまって良いでしょうか？ これはさらに重要なプロセスです。

もし、プログラム上の処理に間違いがあれば、出力される結果も間違いになります。ITを無条件に信頼し、それを検証するような仕組みを持っていなければ、エンドユーザーに大きな迷惑をかけてしまうことも考えられます。機械的に処理されていても、その結果の記録（ログ）を適切に管理していなければ、ログ自体が書き換えられることによって事実が捻じ曲げられたり、過去の事実を追えないということにもなりかねません（図3.4）。

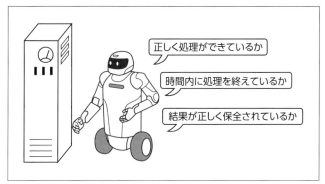

図3.4 ITからも「脆弱性」は生まれる

また、ITが組織のガバナンスに不可欠であるからといって、会社のビジネスが傾くようなコストをかけることは、経営の観点から見て不健全です。ITも組織の投資対象のひとつであるため、投資に対してバランスよく効果を発揮する必要があります。

このようにガバナンス、もしくはコーポレートガバナンスから派生して、その根幹となるIT活用を適切に管理、監督することを**ITガバナンス**という言葉で表します。

本書で取り扱うセキュリティは、このITガバナンスの実現において重要な役割を果たします。システムを操作する権限を誰もが与えられていたり、誰かにプログラムを書き換えられるとすると、組織の機密情報を簡単に外部に公開されてしまうかもしれません。また、ネットワーク越しに利用されるITサービスでは、操作している相手が本当に本人であることが担保できなければなりません。

こうしたITが健全に運営されていることを約束するための仕掛けが**セキュリ**

ティということになるわけです。

3.3 セキュリティの基本要件

　この観点で見ると、セキュリティは何を実現する必要があるでしょうか。これにはいくつかの指標があります。

3.3.1 セキュリティの3要素

　例えば、国際規格である ISO/IEC27000[2] では、「情報セキュリティ」という言葉を次のように説明しています。

　情報の機密性、完全性、および可用性を維持すること

　これらは英単語の頭文字をとって CIA とも AIC とも言われますが、ISO/IEC27000における、それぞれの言葉の意味は次のようになっています。

> 機密性（Confidentiality）：認可されていない個人、エンティティまたはプロセスに対して、情報を使用させず、また開示しない特性
> 完全性（Integirity）：正確さおよび完全さの特性
> 可用性（Availability）：認可されたエンティティが、要求したときにアクセスおよび使用可能である特性

　一般的にはこの3点をセキュリティの3要素としてとらえることが多いのですが、もうすこし噛み砕いて説明しましょう。

3.3.2 機密性

　機密性は、「必要な人だけが必要な情報にアクセスできる、利用できるようにする特性」ということになります（図3.5）。
　例えば、多くの情報システムはアクセスする利用者を ID とパスワードで認証し、その利用者に合った機能へのアクセスを提供します。暗号化も、本来の情報を暗号鍵を使って意味のない文字列に置き換えることで、鍵を持っていない（つまり、情報へのアクセスを許可されていない）利用者からのアクセスを退ける技術です。さらに言えば、オフィスやデータセンターなどの施設や設備についても、

---

[2] この規格は、情報セキュリティマネジメントシステムの国際規格である ISO/IEC27001 の用語集という位置付けです。

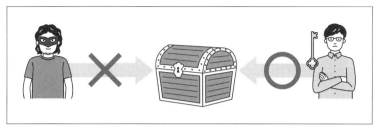

図 3.5　機密性

物理的に許可のない利用者や第三者の入室、のぞき見を防止することが機密性の
向上につながります。

3.3.3　完全性

　完全性における「正確さおよび完全さ」とは、例えば「情報やサービスが勝手
に書き換わっていないこと」を指します（図 3.6）。

正しいことを
保証します

図 3.6　完全性

　正しい手続きを経て情報がアップデートされることは当然ですが、許可のない
変更や改竄から守られることで、必要とする人に間違いのない情報を届けられま
す。IT のサービスの設定値やプログラムは、僅かな文字が書き換わることでも、
まったく異なる動きをしてしまうことがあります。こうした事態からの保護が必
要です。
　例えば、パスポートなどの身分証明書は、それ自体が改竄されていたり複製さ
れていれば、簡単に悪用（本人になりすまして身分証明書としてさまざまなサー
ビスを利用したり、特定の国に入国するなど）ができてしまいます。IT の仕組み
にはマイナンバー制度などでも活用されている電子証明書がありますが、これは

証明書の完全性が担保される（改竄されていないことを保証する）ことで、ネットワーク上で本人確認が適切に実施できる仕組みを作るものです。

3.3.4 可用性

　可用性は、「必要とされるときにしっかりとそのサービスや情報にアクセスできる、利用できること」を示しています。

　もしかしたら、「機密性や完全性はセキュリティのイメージに収まるけど、可用性はちょっと違うかも？」と思われる方もいるかもしれません。しかし、「情報」や「サービス」を考えた場合、皆さんは無意識に「使えて当たり前」と思いがちなものかもしれません。例えば、機密性や完全性だけをセキュリティの要素と考えた場合、すべての情報は誰にもアクセスできない金庫の中にでも放り込んでおけばよいということになります。しかし、それでは、その情報は価値を発揮しているとは言えないでしょう（図3.7）。

図3.7　可用性がないとどうなるか

　また、第2章にも出てきたDDoS攻撃は情報の漏洩や改竄を目的としたものではありません。通常の利用者がサービスを利用できないような状況を作りだすことによって、そのサービスの価値を落とすことを目的としています。ショッピングサイトのサービスが止まってしまえばその時間の売り上げは失われてしまいます。行政サービスなどを提供しているサイトであれば、必要なときに必要なサービスを届けられないことが致命的な損害に直結することもあります。

　情報やITサービスは、必要なときにアクセスできるという環境があって、初めて意味を持つわけです。実際には、その可用性を担保するために、ネットワークやサービスを冗長化したり、サービスのバックアップを取得したり、災害など

の不測の事態が発生しても事業やサービスが復旧できるように事業継続計画の策定やテストを行います。

Column 暗号化と鍵管理の重要性

学生の頃、自転車用に4桁のナンバー錠を買ってきて、暗証番号を設定したその日に番号を忘れ、駅の駐輪場で周囲の冷たい目線にさらされながら30分くらい格闘したことがありました。

守りたいものに鍵をかけることで第三者の不正なアクセスや利用から保護しようという考え方は自転車もコンピュータも同様です

コンピュータにおける「暗号化」は、決められた計算処理で元のコンテンツを無関係のデータに置き換え、たとえ第三者がデータを入手しても意味を読み取れないようにするものです。このときの計算のやり方を**アルゴリズム**と言い、コンテンツにかけあわせる文字列が**鍵**（暗号鍵）と呼ばれます。鍵を使えば、暗号化された情報を必要なときに元に戻すことができます。これは計算処理なので、ナンバー錠のようにすこしずつ文字列を変えていけばいつかはアクセスができるかもしれません。ただ、そこにかかる時間が膨大であれば（高度なコンピューターを使っても1万年以上かかるなど）、攻撃者はあきらめざるを得ないということです。

暗号化によるセキュリティの実装では、適切なアルゴリズムを実装し続けていくことや、鍵自体を適正に管理していくことが求められます。大切なことは、鍵が失われてしまえば、正しい利用者であっても情報にアクセスできなくなること、逆に正しい鍵があればたとえ第三者であっても「守りたいもの」にアクセスできることです。

クラウドのサービスのなかに鍵管理のサービス（AWSで言えば、Amazon Key Management Services や Amazon Cloud HSM）が存在するのは、このような鍵の管理は、実際に人手で運用することは手間がかかり、ミスが発生した場合に致命的になる（漏洩している鍵を使い続けていたり、鍵自体がなくなってしまう）状況をより安全かつ効率的な形で守ろうとするためです。

本書では暗号化や鍵管理の仕組みについて、第7章の7.6節「暗号化を用いたデータの保護」で説明しています。

3

3.4 まず可用性から考えてみよう

従来から多くの組織ではセキュリティというと機密性の管理が中心で、そこに多少の完全性の考慮が入っていくもの、となっていたように思われます。しかし、アプローチとしては、可用性から検討を進めることが有効です。

3.4.1 ビジネスやサービスを提供することが IT の使命

紹介したように、情報セキュリティというものは「機密性、完全性および可用性を維持」するものであり、これは必須の条件です。それぞれを必要なレベルで満たす必要があります。

一方、ビジネスの観点では、可用性が担保されていることはサービスの必要条件です。そもそも可用性が担保されていないサービスは、ビジネスの大きな目的である「売り上げ」の観点からも問題があります。使いたいときに安定して使えないサービスは、セキュリティ以前の問題でもあるからです（図3.8）。

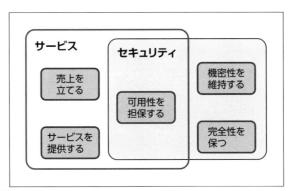

図3.8 可用性から考えてみる

単純にセキュリティの優先順位を示すことは難しいのですが、こうしたビジネス的な観点も加味すると A（可用性）→ I（完全性）→ C（機密性）という順番も成り立ちます。 つまり、「可用性によりビジネスが継続されることが担保され」、「扱われる情報に誤りがなく」、「必要な人に必要な情報が届けられる」という流れです。

セキュリティというと、どうしても「秘密を守る」ということに重点がおかれる傾向があります。しかし一方で「何のためにセキュリティが必要なのか」ということを考えると、ビジネス上の期待や要求などとのバランスをとることが必要

となります。皆さんがセキュリティを考えるときも、「そもそもそのサービスは何のためのものなのか」、「何のために、そのセキュリティ対策が必要なのか」といったことを考えてみることをお勧めします。

□　　　□　　　□

　ここまでは、セキュリティやコンプライアンスに関する基本的な概念を説明してきました。こうした概念をたんなる用語としてではなく「なぜそのような位置付けが必要なのか」とう観点で考えてみると、クラウドだけではなく IT のサービスやシステムに何が求められるかをより深く理解する材料になります。

3

第4章
セキュリティポリシーを
作る

　先の章では、セキュリティを実現するための要素として、「機密性」、「完全性」、「可用性」の3つを挙げました。これらをシステムの現場で実現していくための運用を考えるとき、そのルールを定義する必要があります。ここでは、セキュリティのルールがどういう意味を持つのか、どう考えるべきなのかを説明していきます。

4.1　ルールを文書化する

　単純なシステムを一人で動かしているなら、システムのルールを文書化する必要はないかもしれません。しかし、組織がシステムを作ってサービスとして提供するのであれば、利用者に不都合が生じないように適切な管理を行う必要があります。また、個人で運用するとしても、法や規制、セキュリティのベストプラクティスを理解し、それらの運用ルールを規定していれば、さまざまなトラブルを避けることにつながります。

4.1.1　人間とドキュメント

　コンピュータと異なり、人間には物事を忘れるという性質があります。自分が実施しているセキュリティ対策や、実施したシステム変更の意図などを「見える化」しておくことは、セキュリティの実効性を高めるほか、サービスをより良くするうえでも役に立ちます。
　さらに、組織には運用規定や規制要件など、セキュリティを「守らせる」ためのさまざまなルールが存在します。これらは組織のセキュリティポリシーとしてドキュメント化してく必要があります。
　一方、クラウドを利用しようとすると、「組織のルールで禁止されているから」

という理由で活用が妨げられることもあります。これらのルールを評価して、本当に実効性があるのかを判断することも必要でしょう。

4.1.2 さまざまな文書の体系

人間が2人以上いれば、なんらかの方法によるコミュニケーションが必要です。まして人の集まりである組織では、規程や基準といった「文書」によって、組織がどうあるべきか、業務をどのように行うべきかを定義しておく必要があります（図4.1）。

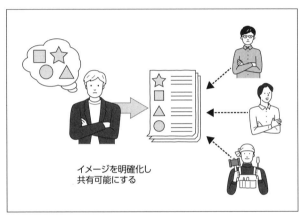

イメージを明確化し
共有可能にする

図4.1　ドキュメントによるイメージの具体化

こうした「文書化」にはさまざまなかたちがあります。組織が目指すべき方向や目的や目標などを組織内外に伝えるものもあれば、組織内の業務の具体的な手順などを規定するためのものもあります。また、開発を外部の業者に請け負ってもらう際には、「守ってもらうべきこと」を示すケースもあります。コーディング標準や実装標準のようなものもありますし、ときには補償や罰則などを示すケースもあるでしょう。

4.1.3 セキュリティポリシー

こうした文章のなかでも、特にセキュリティに関するものを**セキュリティポリシー**と呼びます。セキュリティポリシーは単一の文書を指すこともあれば、組織のセキュリティ文書群全体を指す場合もあります。

- 単一の文書

　セキュリティポリシーが単一の文書の場合、一般に、組織がセキュリティに取り組む目的や、大きな管理サイクル（PDCA サイクル）の必須要素を示すことが多いようです。

- 文書群

　セキュリティポリシーが文書群になっているのであれば、目的を示す文書の下に、組織が守るべきこと、従業員などが実施すべきこと、目標／業務／場所等について、具体的に文書化されているケースが多くなります。より具体的／詳細になるにつれて「スタンダード」や「プロシージャ」と呼ばれる場合もあります（図 4.2）。

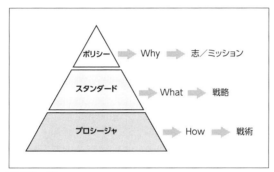

図 4.2　文書による目的の違い

4.2 セキュリティポリシーを作る

　セキュリティポリシーをゼロから作ることは相応に困難な作業となります。現実的な対応策として、多くの組織ではセキュリティの技術規格やベストプラクティスをまとめた文書などを利用し、それらを自分たちの組織に合うようにカスタマイズして作成しています。

4.2.1　ISO/IEC27001

　日本では、情報セキュリティマネジメントシステム（ISMS：Information Security Management System）をベースにしている組織が多いように見受けられます。ISMS の作成手順は国際規格として標準化されており、ISO/IEC27001 として世界中のどのような組織でも採用できるようになっています。

　また、組織が ISMS を管理していることを評価する認証制度が設けられており、B2B（Business to Business）の取引などにおいては組織のセキュリティの取り組みを評価してもらうこともできます。ISMS の認証を取得していない企業でも、セキュリティ管理体制の構築に際して参照した文書が ISO の規格であったり、ISO の規格を元に作成されたテンプレートやガイドラインなどを参照しているケースも多いようです。

　ISO/IEC27001 は、セキュリティポリシーの策定に際して、どういう要素をふまえるべきかを網羅的に把握できる良いリソースになっていると言えます。ルール作りのステップでは、組織のあるべき論や目標から落とし込んでいく「トップダウン」のアプローチと、具体的な業務上の要件などを踏まえて実装面や実運用面を定義していく「ボトムアップ」のアプローチのバランスをうまくとっていくことが求められます（図 4.3）。

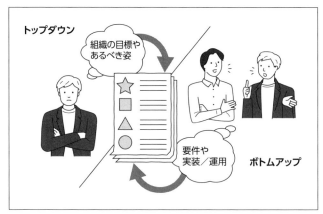

図 4.3　トップダウンアプローチとボトムアップアプローチ

　セキュリティの観点におけるルールの存在意義は、セキュリティ上のリスクを適切にコントロールしていくことにあります。ルールは、セキュリティのリスクを評価するプロセスに基づいて、具体的な打ち手を決めていく必要があります。

4.2.2　NIST CSF

　また、最近では米国の NIST（National Institute of Standards and Technology：米国国立標準技術研究所）が策定するさまざまなフレームワークを活用する事例も見られます。

NIST の CSF（Cyber Security Framework）[1] では、セキュリティのさまざまな側面に着目し、それらを反復的に見直すことで組織のセキュリティ対応能力のアップデートを促進します（図 4.4）。

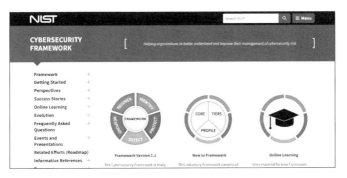

図 4.4　NIST CSF

CSF はより柔軟なセキュリティ設計が可能となるように考慮されており、各セキュリティ基準の共通のフレームワークとして利用できるようになっています。CSF は米国の政府調達の各種のセキュリティ標準などにも応用されています。

本書では、第 2 部で NIST の CSF に基づくセキュリティ管理策の策定の概略を紹介していきます。

4.3 セキュリティを実現させるための原則

世の中には、さまざまなせキュリティやコンプライアンスに関する規制や基準、ベストプラクティスなどがあります。

4.3.1 セキュリティ基準には共通性がある

基準や規制は、業界ごとに用意されているものもありますし、IoT や無線などの技術にフォーカスしているものもあります。しかし、よく見てみると共通点が多いことに気が付きます。それは、セキュリティにはいくつかの重要な原則があり、それをその業界や技術といった制約のなかで満たすために、さまざまなやり方が考えられているためです。逆に考えると、こうした原則を理解していれば、新しい技術分野などに取り組む場合にも「何を満たしていくべきか」を考える手

---

[1] https://www.nist.gov/cyberframework

掛かりになります。

4.3.2 おもなセキュリティの原則

　ここでは、いくつかのセキュリティの原則を紹介したいと思います。ただし、網羅的に説明したり、対象のレベル感を揃えているわけではありません。しかしながら、セキュリティの原則について「こういう考え方があるのだな」ということが分かると、例えば本書のこのあとの章を学習する際にも、さまざまなセキュリティサービスの目的を掴みやすくなると思います。

● Need to know

　情報は知る必要のある人／組織にのみ公開をする、または、逆に公開を制限する原則です。図4.5の場合であれば、すべての情報にアクセスできるCさんに対し、AさんやBさんのアクセス範囲は限定されます。

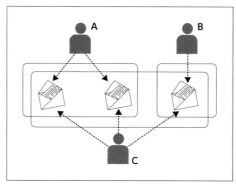

図4.5　Need to know

　知る必要がない人が情報にアクセスができる場合、その情報を悪用されてしまう場合もあります。アクセスコントロールや暗号化はNeed to knowに従って実装されるものとなります。

● Authentication and Authorization

　認証と認可とも訳されますがそれぞれ別の概念です。システムやサービスの利用や管理をする際に、「あなたは誰であるか」（認証）と「あなたはどこまでのアクセスや操作を許されているか」（認可）という2つの要素の実装が求められます（図4.6）。

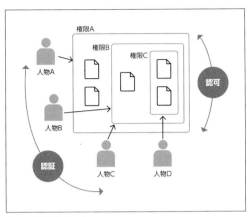

図 4.6　Authentication and Authorization

　例えば、情報システム部全員が同じ ID とパスワードを使っている組織があったとします。ここで、システム部員の ID を使って個人情報を抜き出される事故が発生した場合を考えてみましょう。みんなが同じ ID を使っていますので、この場合は全員が容疑者になってしまいます。

　個人ごとに ID が設定されていれば（すくなくともなりすましがなければ）、自分のアリバイを証明できます。ネットワークは顔の見えないコミュニケーションとなるため、適切な手段で認証と認可を備えることが必要となります。

● Least Privilege

　最小特権や最小権限と訳されます。システムやサービスを扱う際に、ユーザーに最低限必要な権限のみを与えるという考え方です。認証と認可における「認可」の重要な要素となります（図 4.7）。

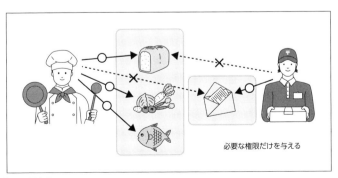

図 4.7　Least Privilege

操作できる権限が過剰に与えられている場合、操作ミスを起こした場合のインパクトが大きくなってしまいます。また、何か悪いことをしようと考えた場合に、そのような権限を悪用するということも考えられます。そのため一般的に権限を「必要最低限の範囲にとどめましょう」という考えです。

必要最低限の定義はその組織やサービスによっても異なります。厳密な最低限を定義してしまったためにシステムの運用に弊害が生じることは望ましくないため、それぞれのチームや組織で「何をもって Least Privilege」であるかを決めておくことは重要です。

● Three Lines Defence

組織におけるリスク管理のあり方を示すものとなります。組織でリスクに取り組むにあたっては、組織全体として取り組まないと対応の抜け漏れや対策の形骸化が起きる恐れがあります。

- 現場部門やそれを監督する経営者による第一線で自律的に管理すること
- 管理部門[2] により現場部門の活動を独立した立場で牽制したり支援できること
- 内部監査部門が現場部門および管理部門から独立した立場でさらにリスク管理を検証したり、経営陣への提言ができること

といった 3 つの要素が含まれます（図 4.8）。

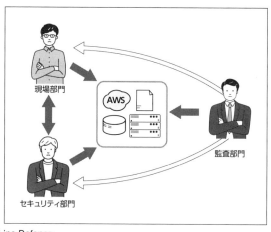

図 4.8　Three Line Defence

---

[2]セキュリティ部門などはこちらに入ります。

4.4　セキュリティポリシー作成のポイント

　このように、セキュリティを実装していくうえでは、すでに参考とすべきさまざまな情報が存在することが分かります。一方、せっかくのセキュリティポリシーが十分に活用されていないというケースも多く見受けられます。ここでは、セキュリティポリシーとの上手な付き合い方について考えます。

4.4.1　セキュリティポリシーの落とし穴

　まず、セキュリティポリシーを十分に活かすために注意すべきことを挙げておきましょう。

● 形骸化や陳腐化

　守らなければいけないルールが増えていくと、とくに目的を考えずに「ルールだからやらなければいけないこと」が増えていき、手間が増えていきます。「必ず実施しなければならないもの」と、「セキュリティを高めるうえでの選択肢」は異なるということにも考慮が必要です。

　最近では、「機密情報をメールで送信するときは暗号化したZIPで送り、パスワードは別のメールで送る」というルールが話題になりました[3]。これはメールの誤送信における情報漏洩を予防するための手段として考えられたものですが、手間のわりには効果に疑問符が付いていたものでした。しかし、このルールは、さまざまな組織の中で「ルールだから」、「監査で指摘されたから」といった理由で一般化してしまった面があります。

● 先例主義

　ルールとは違ったところにある落とし穴として、先例主義があります。セキュリティは投資対効果（セキュリティに払ったお金に対し、どの程度効果的なリターンをもたらすか）が分かりにくい世界です。また、新しいソリューションの導入によるシステムや業務への影響を極力避けたいという気持ちも働きます。

　こうしたなかで、クラウドを含む新たなIT技術に対して、事例や実績を過度に求めてしまう（海外ではなく国内事例、国内事例ではなく同一業界事例といったかたちでより組織に近い情報を集め過ぎてしまう）ケースが存在します。

　セキュリティの攻撃方法は日々進歩しています。先例の範囲だけで新しい攻撃

---

[3] 日本情報経済社会推進協会（JIPDEC）の大泰司章氏がピコ太郎の楽曲にちなんで付けた「PPAP」という名称も知られています。

方法に対処できるとは限りません。守る側も進歩をしていかなければならないのですが、先例主義がセキュリティをアップデートしない理由を増やしているケースも散見されます。

4.4.2 セキュリティポリシーと上手く付き合うために

それでは落とし穴を回避して、より良いセキュリティポリシーを作り、運用していくために必要なことはどのようなことでしょうか。特にクラウド活用のような変化の激しい領域でのポリシー設計と運用のポイントをまとめてみました。

● 原則中心のアプローチ

先に過度に細かいルールを増やしてしまうと、新たな変化に対してブロッカーになってしまうリスクがあります。これを回避するためには、常にセキュリティの原則に立ち戻り「そもそも何を実現したいのか？」という視点を持つことが重要です。これを**原則中心のアプローチ**と言います（図4.9）。

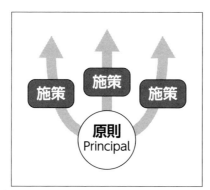

図4.9　原則中心のアプローチ

例えば、可用性観点で、単一のデータセンターや設備に対しての要求事項を詳細に定義（電力とは別に自家発電装置を持つことなど）してシステムの実装要件とするケースがあります。2系統以上の電力確保を行うことはデータセンターの設計として有効かもしれませんが、AWSの基本的なインフラストラクチャの設計では、1つのリージョン[4] には3つ以上のアベイラビリティゾーン（AZ）[5]

---

[4] AWS のデータセンターが集積されている世界中の物理的ロケーション
[5] 特定のリージョン内にある物理的なデータセンター群をまとめたものです。物理的に独立したシステムの拠点で、それぞれ冗長な電源／ネットワーク／接続機能を備えています。サービスによっては複数の AZ が連携して提供されるものもあります。

が存在し、より高い耐久性や可用性を実現しています。

　重要なのは「可用性を確保する」という目的に着目したうえで、選択したテクノロジーによってどのように実現されているかを評価するステップです。

　クラウドの技術やインフラストラクチャは、構成のすべてを詳細に公開しているわけではありませんが、「自分たちがやりたいことをどのように実現できるか」という観点に立つと、サービスやアーキテクチャの選択によって目的の達成が容易になります。

● 小さく何度も試す — アジャイル的なアプローチ —

　次に重要なのは、過度に先例主義に陥らないために、常に試せる環境を持ち、経験から学び、それをサービスに反映させるようなアプローチをとることです（図 4.10）。

図 4.10　小さく何度も試す

　最近ではサービス開発においてもアジャイル的な手法が活用されるようになりましたが[6]、実際の経験やそこから得られるフィードバックをより多く得ることは、机上で議論をするよりも有効です。

　クラウドであれば「テスト環境を作って、終わったら環境を消しておく」ということも容易にできます。経済的にも非常に効率良く「試す」ことができます。また、自分たちで環境をすべて準備しなくても、AWS が提供しているハンズオン資料やワークショップを活用して、評価したい環境の土台を作ることも可能です。

● 一緒に考える、協力する — DevSecOps の世界へ —

　企業などの組織には、システムの開発者／運用者／ビジネス部門／監査等のリスク管理部門など、さまざまな利害関係者が存在します。監査やリスク担当など

---

[6]アジャイルとは「迅速」を意味する言葉であり、サービスの開発の工程を小さな単位で区切り、実装とテストを繰り返しながら開発を進めていく方法です。

はシステムの開発者や運用者から見ると、「面倒くさい」仕事を要求してくるすこ
し煙たい存在かもしれません。

　ただ、役割が分かれていても、本来は「より良いサービスを提供することが組
織がやるべきことだ」という同じ目線には立っている必要があります。最近だと
DevSecOps という言葉も使われますが、IT が求められる目的や目標に即して組
織として協力する文化を作りあげること、また、クラウドやさまざまなサービス
（例えばセキュリティテストの自動化など）を通じて、業務自体の効率化や可視
化を実現し、互いの要求が実現できるような環境に改善していくことも可能です
（図 4.11）。

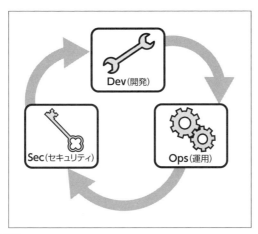

図 4.11　DevSecOps

● 業務を止めない方法を考える ― ゲートキーパーからガードレールへ ―

　開発や運用に携わるエンジニアや業務部門とセキュリティを一緒に進めていく
には、セキュリティの重要性を訴えるだけでは十分ではありません。彼らの業務
にとってセキュリティがどの程度の負担となっているか分析することも大切です。
セキュリティ対応のレビューを行ったり、監査対応や試験等を効率的に進められ
る手段を考え、一緒に実現していく必要があります。

　AWS では「ゲートキーパー型のセキュリティ」から、「ガードレール型のセキュ
リティ」を推奨しています。

　　ゲートキーパー型：定期的に業務を止めて、レビューなどでセキュリティの
　　設計や運用を評価するような方法

ガードレール型：セキュリティ要件を明確にし、逸脱が起きないように制御
し、逸脱があれば発見できるような仕組みをサービス全体に入れ込むこと

　ガードレール型のアプローチは、開発側や運用側の柔軟性をできる限り許容し
たうえで、被害の兆候を発見できる仕組みを適切にアップデートし、状況の変化
に対応していこうというものです（図4.12）。

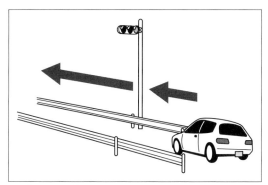

図4.12　ゲートキーパー型からガードレール型へ

　同様な概念として、**Security By Design** といった言葉も使われます。これら
は、セキュリティに関係するメンバーが、サービス設計に一緒に取り組んでいく
ことにより実現可能となります。

□　　　　□　　　　□

　ここまで見てきたように、セキュリティの検討では、暗号化やアクセスコント
ロールなどの実際の仕組み（「管理策」と表現されることが多いです）だけに着目
するのではなく、「セキュリティを誰が実現するのか」、「どういった責任があるの
か」といった組織やサービス全体のデザインに考えを及ぼす必要があることをお
伝えしてきました。
　第1部では組織全体でのセキュリティの捉え方など、包括的／概略的な話もし
てきましたが、第2部以降では、実際にAWSを利用してセキュリティを高める
方法を紹介します。より高いセキュリティを実現するための、具体的な方法を学
んでみてください。

第 2 部

AWS でセキュリティを
実装する

本書の第 1 部では「情報セキュリティ」の概要や特徴、AWS のクラウドでセキュリティを考える際に前提となる「責任共有モデル」などの基本原則を紹介しました。第 2 部では、AWS のクラウドの特徴や提供されているサービスを理解しながら実際のセキュリティ管理策について学んでいきます。

　読者の皆さんのなかには、自身の管理するシステムのセキュリティ管理策を検討したい、オンプレミス環境とクラウド環境の管理策の違いを知りたいという方がいらっしゃると思います。第 2 部では、セキュリティ管理策を検討するうえで有用な NIST（National Institute of Standards and Technology）の CSF（Cyber Security Framework）における 5 つの項目に沿った、具体的なセキュリティ管理策の策定と適用を説明していきます。

　　識別（Identify）：リスクの特定
　　防御（Protect）：リスクからの防御策の適用
　　検知（Detect）：発生したリスクの検知
　　対応（Respond）：検知されたリスクへの対応
　　復旧（Recover）：元の状態への速やかな復帰

　第 2 部ではまず、AWS のクラウド環境を安全に利用するために必要な作業を「AWS の利用を開始する際のセキュリティ」として学びます。AWS の利用を開始するにあたり、まず知っておきたいセキュリティ上の設定についてはこちらを読んでみてください。

　その後、「識別」、「防御」、「検知」、「対応／復旧」ごとに章を分け、AWS のクラウドのセキュリティ管理策の進め方や重要なサービスを取り上げます。

　第 2 部はどの章からでも読むことができるように構成していますが、全体を通して読むとそれぞれの補完関係が理解しやすいかと思います。

　それでは、クラウド環境におけるセキュリティ管理策の扉を開いていきましょう。

第5章
AWS の利用を
開始する際のセキュリティ

　本章では、これから AWS の利用を開始するにあたって、まず実施しておくべきセキュリティ上の設定について説明します。説明する内容の一部はあとの章の内容と重複するものもありますが、AWS を安全に利用するために押さえておきたい最初のポイントとして次の2つの要素に重点を置いて解説します。

- ルートユーザーの保護
- IAM ユーザーやグループの作成

　ルートユーザーの保護は、AWS を利用するためのアカウント（特権管理者）に対してより高いセキュリティを施すことを指します。IAM ユーザーの作成は、システムにアクセスするユーザーごとにその権限を設定し、適切な権限での運用を目指すことです。
　いずれについても、AWS にアクセスするためのユーザーの保護と権限設定が鍵になります。そこで、まずは AWS のアカウントおよびユーザーについて見ていきましょう。

5.1　AWS のユーザー

　AWS には、AWS アカウントとそれに紐付けられるルートユーザー、そして IAM サービスを利用して作成される IAM ユーザーがあります。

5.1.1 AWS アカウントとルートユーザー

AWS の利用を開始するとまず **AWS アカウント**が作成され、同時にそれに対応する**ルートユーザー**が作成されます。AWS アカウントは 12 桁の一意な数値で表現され、AWS 環境は AWS アカウントごとに分割されます。その結果、AWS リソースは、各アカウントに紐付けられて管理されることになります。

ルートユーザーは、AWS アカウントに対して 1 つ作成され、AWS アカウントを作成した際のメールアドレスと AWS の利用開始時に設定したパスワードで AWS マネジメントコンソールにサインインすることで使用できます（図 5.1）。

図 5.1 AWS アカウントとルートユーザー

ルートユーザーは AWS アカウントのすべてのリソースに対してすべてのアクセス権限を持つ非常に強力なユーザーです。

ルートユーザーには普段の利用には必要のない権限まで付与されているので、システム構築などの日常系のタスクでルートユーザーを使用すると、ちょっとした間違いによりシステムを壊してしまったり、大切なサービスを無効化してしまう恐れがあります。

それではルートユーザーに対して「アクセス制御」を行って不要な権限を剥奪すれば良いのでしょうか？「セキュリティインシデントを起こさないために必要のない権限を与えない」という考え方は間違っていませんが、ルートユーザーには自身の権限を操作する「アクセス制御」の機能は用意されていません。代わりに、AWS を利用するために必要な権限だけを設定した IAM ユーザーというユーザーを作成します。

5.1.2 IAM ユーザー

IAM ユーザーは AWS IAM（Identity and Access Management）というサービスを利用することで作成できるユーザーです。IAM は AWS のサービス

やリソースへのアクセスを安全に管理するために、認証／認可の仕組みを提供するサービスです。

IAM が提供する機能でユーザーを作成できるので、日常系のタスクで AWS を利用する際はルートユーザーを使わず、IAM ユーザーを利用します。IAM ユーザーに関する詳細は 5.3.1「IAM ユーザーと権限」（P. 67）で説明します。

一方、ルートユーザーはまったく使うことがないのかと言うとそんなことはありません。アカウント作成後の初期状態では IAM ユーザーがひとつも作成されていないので、すくなくとも最初の IAM ユーザーを作成する際には利用することになります（図 5.2）。

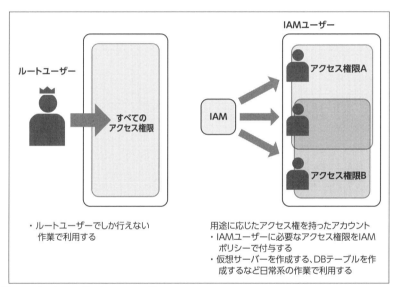

図 5.2　ルートユーザーと IAM ユーザー

そのほかにも IAM ユーザーに権限を与えることができず、ルートユーザーにしかできない作業が存在します。ルートユーザーをただ「普段使いしないユーザー」と考えるのではなく、どのようなシチュエーションで必要となるのかをよく理解して適切な場面で利用する必要があります。

5.1.3　ルートユーザーにしかできないこと

最初の IAM ユーザーの作成のほかに、ルートユーザーにしかできない作業としては次のものがあります。これらを実行したい場合はルートユーザーを利用することになります。

- アカウントの設定変更
  AWS アカウントに登録されているアカウント名、E メールアドレス、連絡先情報など AWS アカウントに紐付く情報を変更する場合、ルートユーザーで作業を行う必要があります。

- IAM ユーザーアクセス許可の更新
  唯一の IAM ユーザーの管理者が自身のアクセス許可を誤って取り消した場合は、ルートユーザーとしてサインインしてポリシーを編集し、アクセス許可を復元することができます。

今回は 2 つの例を挙げましたが、ほかにもルートユーザーでしか行えない作業がいくつかあります。すべての人には必要のないものも含まれているため、本書では詳しく記載しませんが、興味がある方は「AWS アカウント管理リファレンスガイド」の［ルートユーザー認証情報が必要なタスク］[1] を確認してください。

5.2 ルートユーザーの保護

繰り返しになりますが、ルートユーザーは AWS アカウントのすべてのリソースに対してアクセス権限を持っています。そのため、公式ドキュメントに記載されているルートユーザーにしかできないタスク以外は IAM ユーザーに任せ、ルートユーザーの認証情報は厳重に保護する必要があります。
ルートユーザーを保護するために下記の作業を実施しましょう。

- 多要素認証の有効化
- アクセスキーの削除

以降では、それぞれの作業について説明していきます。

5.2.1 多要素認証の利用

AWS アカウントを作成したばかりの初期状態でルートユーザーとしてサインインするため必要な認証情報はメールアドレス／パスワードのみです。したがって、なんらかの手段によってメールアドレス／パスワードの組み合わせが特定されてしまった場合、容易にルートユーザーとしてサインインできてしまいます。
メールアドレスとパスワードの組み合わせが特定されてしまったとしても、サ

---

[1] https://docs.aws.amazon.com/ja_jp/accounts/latest/reference/root-user-tasks.html

インインするまでのステップにもうひとつ認証情報を加えることができれば、第三者からの不正アクセスをより困難なものにできます。このように、複数の認証情報を使ったより強固な認証を**多要素認証**と言い、英語の頭文字をとって MFA（Multi-Factor Authentication）とも言われます。

　AWS のルートユーザーに対して多要素認証を実現するための手段としては次の 3 つが用意されています。

> **認証アプリケーション（仮想 MFA デバイス）を利用する**：モバイルデバイスまたはコンピュータにインストールされたアプリケーションによって生成されたコードを使用して認証する
> **セキュリティキーを利用する**：YubiKey またはほかのサポートされている FIDO セキュリティキーにタッチすることによって生成されたコードを使用して認証する
> **ハードウェア TOTP トークンを利用する**：ハードウェアのタイムベースドワンタイムパスワード（TOTP）トークンに表示されるコードを使用して認証する

　この中で最も利用しやすいものは**認証アプリケーション**でしょう。認証アプリケーション（仮想 MFA デバイス）は、多要素認証で利用するワンタイムパスワードの生成を、専用のハードウェアトークンではなく、スマートフォンやコンピュータ上のアプリケーションとして実現するものです[2]。

　Android、iOS の各 OS で利用可能な認証アプリケーションの一覧は、AWS 公式ドキュメントで参照可能です[3]。

　この認証アプリケーションとルートユーザーを紐付けると、アプリで生成された乱数を入力しなければ AWS マネジメントコンソールへのサインインができなくなり、アカウントをより厳重に保護できるようになります。

　認証アプリケーションを利用するには、普段利用している OS でアプリのインストールを行ってください。アプリごとに違いがありますが、いずれの認証アプリケーションでも一度限り有効な 6 桁の乱数が一定時間ごとに自動生成されます。

5.2.2　多要素認証の有効化

　ここからは実際に仮想 MFA デバイスを使った多要素認証の有効化手順について説明します。ルートユーザーでログインした場合に画面右上に表示されるユー

---

[2] 多要素認証を実現する手段にはそれぞれの特徴があるので、利用環境に合わせて選択していく必要があります。
[3] https://aws.amazon.com/iam/features/mfa/?audit=2019q1

ザー名の部分をクリックし、メニューを表示させ、展開したリストの中から［セキュリティ認証情報］をクリックします（図5.3）。

図5.3 ［セキュリティ認証情報］をクリックする

クリックするとIAMのコンソールに遷移し、「セキュリティ認証情報」の画面が表示されます。画面上部に［MFA がルートユーザーのために有効化されていません］という警告が表示されているので、警告内の［MFA を割り当てる］というボタンをクリックします（図5.4）。

図5.4 ［MFA を割り当てる］をクリックする

［MFA デバイスを選択］という画面が表示されるので、まず設定する仮想MFAデバイスの名前を入力します。

名前を入力したら［認証アプリケーション］を選択し、［次へ］をクリックします（図5.5）。

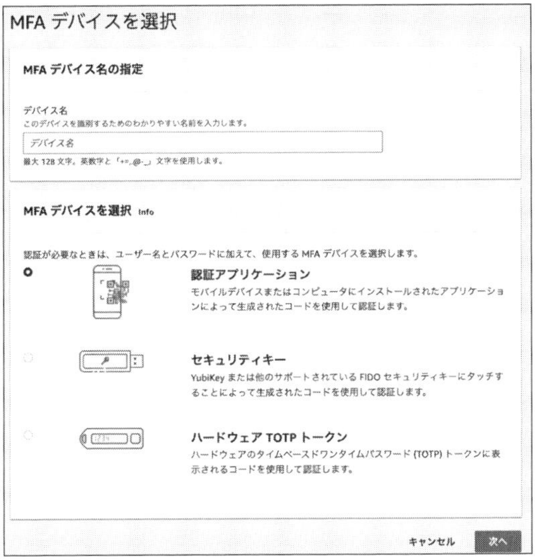

図 5.5　［MFA デバイスの管理］

　［認証アプリケーションを設定］というメニューが表示されるので、2番目の
［QR コードを表示］をクリックします（図 5.6）。

図 5.6　［仮想 MFA デバイスの設定］

　表示された QR コードを自身がインストールした認証アプリケーションでスキャンします。ほとんどのアプリケーションでは、スキャンすると認証情報に名前を付けられるので、必要に応じて分かりやすい名前を付けてください。

　スキャンが終わり、設定が完了すると 6 桁の数字が表示されます。一定時間経過すると数字がリフレッシュされるようになっているので、現在表示されている数字をフォームの［MFA コード 1］に入力します。次に、リフレッシュされた新しい数字を［MFA コード 2］に入力し、［MFA の追加］ボタンをクリックします。

　認証アプリケーションが正常に登録されると［割り当て済みの MFA デバイス］が表示されます（図 5.7）。

図 5.7　仮想 MFA デバイスの登録

　ここまでの手順で多要素認証の設定は完了となります。実際に多要素認証が機能しているのか確認するために一度サインアウトし、ルートユーザーでのサインインを試してみましょう。

　メールアドレス／パスワードを入力したあとに、［多要素認証］の画面が表示されます（図 5.8）。

図 5.8　多要素認証が要求される

　この画面で、さきほど設定した自身の認証アプリケーションに表示されている

数字を入力します。

このように多要素認証を設定しておけば、万が一メールアドレス／パスワードの組み合わせが特定されてしまったとしても、認証アプリケーションに表示されている数字を入手できなければサインインができないため、不正アクセスを防ぐことに繋がります。

自分の AWS アカウントを守る設定なので、多要素認証の有効化は AWS アカウントを取得したタイミングで行うようにしましょう。

5.2.3 アクセスキーの削除

アクセスキーは AWS を利用するための認証情報の一種です。メールアドレスとパスワードを組み合わせた認証情報はマネジメントコンソールから AWS を利用するためのものでしたが、アクセスキーはプログラムやコマンドラインインターフェイス（CLI）から AWS を利用するための認証情報です。つまり、AWS を利用するための認証方法が 2 つ存在することになります。

認証情報は適切に管理する必要があるため、普段使いすることがないルートユーザーに限ってはプログラムから AWS を利用する手段は無効化するというのが「アクセスキーの削除」です。ただし、意図的に作成しない限り、デフォルトでアクセスキーが作成されることはありません。

アクセスキーがあるかを確認するには、多要素認証の導入時と同様に、AWS マネジメントコンソールのナビゲーションバーの右側にあるアカウント名をクリックし、ドロップダウンリストを展開します。展開したリストの中から［セキュリティ認証情報］をクリックしてください。

IAM のコンソールに遷移して「セキュリティ認証情報」が表示されるので、「アクセスキー」の項目を確認します（図 5.9）。

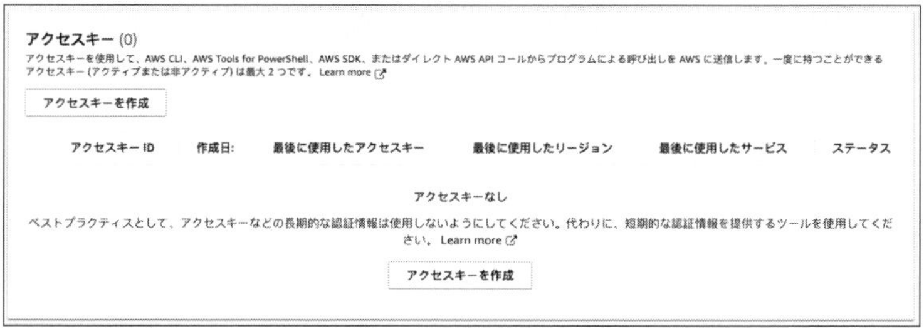

図 5.9　アクセスキー

表の部分に何も表示されていなければ、アクセスキーは生成されていません。もし、アクセスキーが表示されていた場合は、すでにプログラム等で利用されて

いないことを確認したうえで、削除するアクセスキーを選択して［アクション］から［削除］を選びます。次の「アクセスキーの削除」画面で［はい］をクリックするとアクセスキーが削除されます。

ここまで説明した作業を行うことによって、普段利用しないルートユーザーを保護することができます。ルートユーザーの保護が完了したら、本格的に AWS を利用していくために IAM ユーザーを作成することが次のステップとなります。

5.3　IAM ユーザーの作成

ルートユーザーでしか行うことができないタスク以外は、ルートユーザーの代わりに管理者権限を持つ IAM ユーザーを作成し、その IAM ユーザーが操作を行うようにします（図 5.10）。

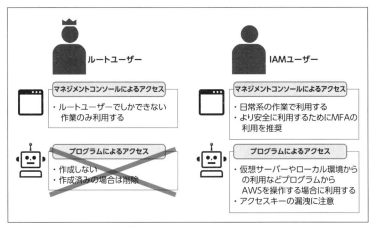

図 5.10　通常の操作は IAM ユーザーが行う

アカウント作成直後は IAM ユーザーはひとつも存在しません。そのため、まずは管理者権限を持つ IAM ユーザーをルートユーザーで作成します。管理者権限を持つ IAM ユーザーを作ったら、管理者のためのおもなタスクは IAM ユーザーでできるようになります。「IAM ユーザーを作成する」というタスクも、管理者権限を持つ IAM ユーザーで可能です。

5.3.1　IAM ユーザーと権限

　IAM ユーザーと権限の関係についてもうすこし詳しく説明しましょう。IAM ユーザーを作成した初期の段階では、AWS のリソースに対するあらゆる権限は付与されません。サーバーを起動することもできませんし、AWS マネジメントコンソールへサインインしたとしても各サービスのリソース一覧すら表示されず「権限がありません」といったエラー文が表示されます。

　これはセキュリティにおける「最小権限の原則」という考え方に基づいています。分かりやすく言えば「必要のない権限は与えない」というものです。IAM もこの原則に従い、IAM ユーザーの作成時は権限が何も与えられていないため、ユーザーが自分で権限を付与する必要があります。権限を付与するためには、IAM ユーザーに対して IAM ポリシーをアタッチします（図 5.11）。

図 5.11　権限の付与

5.3.2　IAM ポリシー

　IAM ポリシーとは「ユーザーが実行できるアクション（行動）、リソース、条件」を制御する JSON 形式のドキュメントです。IAM ユーザーは、ユーザーを作成しただけでは何もできないので、利用できるようにするにはポリシーを作成してアタッチするというところまでがセットになっています。

　ポリシーは自分で作成することもできますが、よく使う権限のセットは「AWS 管理ポリシー」として AWS から提供されています[4]。

　作成した IAM ユーザーには、あらかじめ提供されている AWS 管理ポリシー「AdministratorAccess」を付与します。「AdministratorAccess」はルートユーザーにしかできない作業以外のすべての権限を持った非常に強力なポリシーです（図 5.12）。

---

[4] JSON で記述された IAM ポリシーの例と基本的な要素は、第 7 章で解説します。

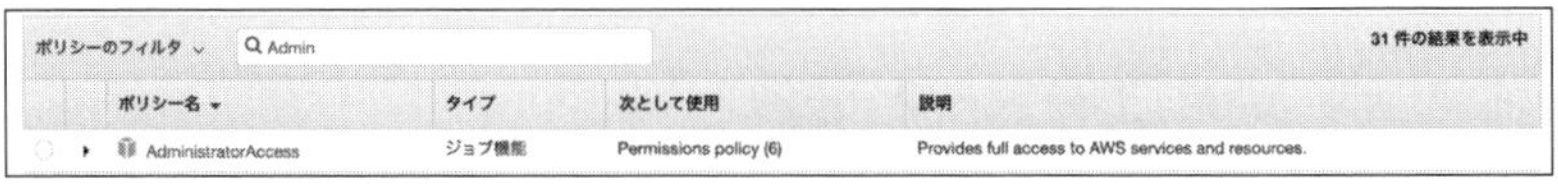
ポリシーのフィルタ
Admin
31 件の結果を表示中
ポリシー名
タイプ
次として使用
説明
AdministratorAccess
ジョブ機能
Permissions policy (6)
Provides full access to AWS services and resources.

図 5.12　AWS 管理ポリシーとして AdministratorAccess が付与された例

ポリシー管理の運用負荷などを考えると「AWS 管理ポリシー」と「自分で設計したポリシー」の両方を組み合わせて運用していくことが多くなると思います。AWS 管理ポリシーを利用する際は、意図せぬ権限を付与しないように、どのような権限が含まれているのか確認したうえで利用するようにしましょう。

また、今回付与する「AdministratorAccess」は強力な権限となるため、誰にこのポリシーを割り当てているのかを正しく把握できる必要があります。そこで便利なのがユーザーをグループ単位で管理できる「IAM グループ」という機能です。

5.3.3　IAM グループ

IAM では**IAM グループ**という IAM ユーザーの集合を作成し、グループに対して権限をアタッチできます。

現実の組織を考えた場合、ユーザーには「開発者」や「管理者」などさまざまな役割が考えられます。こうした役割ごとに権限を管理したい場合は IAM グループが便利です。

例えば、人事異動などで前田さんの役割が「開発者」から「管理者」に変更された場合、前田さんを別の IAM グループに移動させれば、「開発者」権限から「管理者」権限への切り替えが容易になります（図 5.13）。

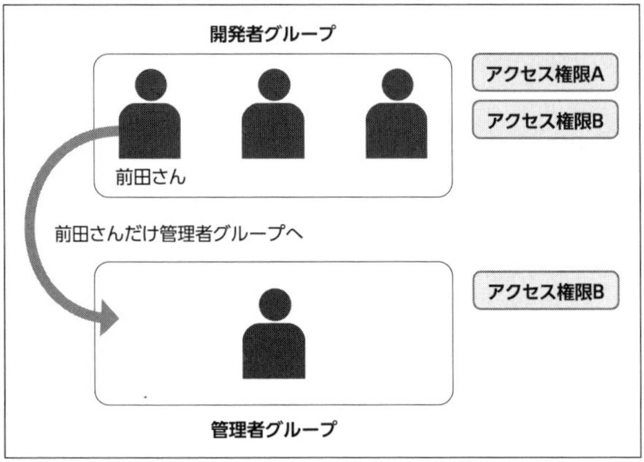
開発者グループ
アクセス権限A
アクセス権限B
前田さん
前田さんだけ管理者グループへ
アクセス権限B
管理者グループ

図 5.13　IAM グループ

　異動が前田さん 1 人であれば IAM ユーザーに直接ポリシーをアタッチする運用でもそこまで手間はかからないかもしれません。しかし、前田さん以外も異動が発生する場合、かなりの運用コストになってしまうでしょう。グループに人を追加したい場合、グループから人を外したい場合、グループ全体の権限を変更したい場合などに、IAM ユーザー単位でポリシーを管理するのに比べて運用コストを下げることができます。

　今回の説明で作成したいユーザーは、ルートユーザーに替わる「管理者」の権限を持つユーザーとなります。例として「Administrators」のようなグループ名で IAM グループを作成します。今回は「Administrators」というグループ名にしましたが、任意の名前に置き換えて作成しても構いません。

　以降では、IAM ユーザーと IAM グループの作成方法を紹介していきます。まず初めに IAM グループ作成し、その後ユーザーを作成してグループに追加することにします。

5.3.4 IAM グループの作成手順

　IAM グループを作成するには AWS マネジメントコンソールで IAM のコンソールを開きます[5]。左側のナビゲーションペインの「ユーザーグループ」をクリックします（図 5.14）。

図 5.14　「ユーザーグループ」を開く

---

[5] AWS マネジメントコンソール上部の［検索］から「IAM」で検索するなどすると良いでしょう。

　画面が再描画されたら［グループを作成］をクリックします。「ユーザーグループを作成」が表示されたら、まずグループ名を設定しましょう。今回はグループ名として「Administrators」を入力します。

　次はポリシーの設定です。画面下の「許可ポリシーを添付－オプション」にある検索フォームに「AdministratorAccess」と入力することでポリシーを絞り込むことができます。「AdministratorAccess」を選択します（図5.15）。

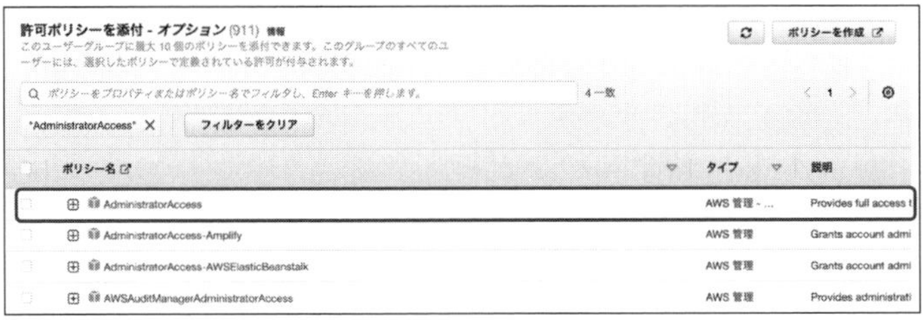

図5.15　「許可ポリシーを添付」

　グループ名が「Administrators」、ポリシーが「AdministratorAccess」に設定されていることを確認したら、画面の一番下の［グループを作成］をクリックします。これでIAMグループが作成されます。

　IAMグループの作成が完了したら、次はIAMユーザーを作成してグループにユーザーを所属させましょう。

5.3.5　IAMユーザーの作成手順

　今回は例として「Administrator」というIAMユーザーを作成しますが、こちらも任意の名前に置き換えて作成しても構いません。

　IAMユーザーを作成するにはAWSマネジメントコンソールからIAMコンソールを開き、ナビゲーションペインの「ユーザー」をクリックします。

　画面が再描画されたら、［ユーザーを追加］をクリックします。［ユーザーを追加］が表示されたら「ユーザーの詳細を指定」の［ユーザー名］に「Administrator」と入力します。

　［コンソールアクセスを有効化 - オプション］にチェックを入れます（図5.16）。
　チェックを入れると「コンソールパスワード」の設定が展開され、作成するユーザーにマネジメントコンソールにアクセスする際のパスワードを設定することができます。「コンソールパスワード」は自動で生成された値を設定するのか、任意の値を設定するのか選択できるようになっています。［ユーザーは次回のサインイン時に新しいパスワードを作成する必要があります（推奨）。］にチェックを入れ

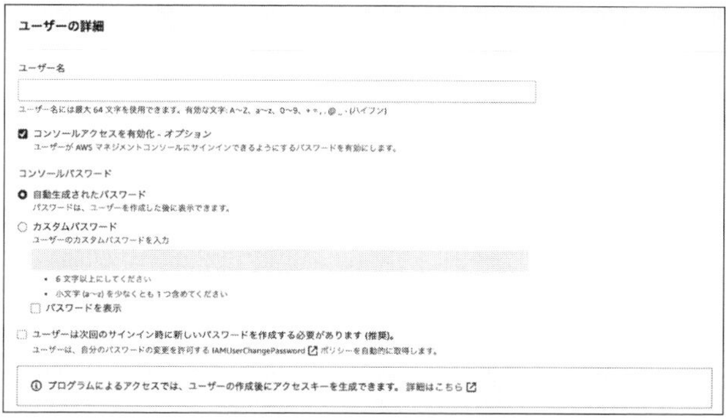

図 5.16　ユーザーの追加

ると、今回作成したユーザーが初回サインインする際に新しいパスワードを作成
するよう要求されます。管理者が IAM ユーザーを作成し、自分以外の人が利用
可能にする場合はこのチェックボックスにチェックを入れ、初回サインイン時に
再設定してもらうのが良いで しょう。今回はパスワードは任意の値を設定し、パ
スワードのリセットは行わずにユーザーを作成します。

　各設定が完了したら、画面右下の［次へ］をクリックします。「許可を設定」と
いう項目が表示されるので［ユーザーをグループに追加］を選択します（図 5.17）。
［ユーザーグループ］に、さきほど作成した IAM グループ「Administrators」が
表示されているので、 チェックボックスにチェックを入れます。

図 5.17　「許可を設定」

　チェックを入れ、［次へ］をクリックすると「確認して作成」という項目が表示
されます（図 5.18）。

図 5.18 「確認して作成」

「ユーザーの詳細」、「許可の概要」のほかに「タグ - オプション」という項目があります。タグは今回設定した「Administrator」という名前以外に［キー］と［値］のペアで情報を追加することができる機能です。例えば、ここで ［キー］に「Role」、［値］に「Manager」という値を入れることで、ユーザーの一覧から「Manager」という「Role」を持ったユーザーで絞り込みをかけられるようになります。

今回はタグは設定せず、ユーザーの詳細、許可の概要が正しく設定されていることを確認したら［ユーザーの作成］をクリックします。

「ユーザーが正常に作成されました」という項目が表示され、正しく IAM ユーザーが作成されたことが確認できます。画面には［コンソールサインインの詳細］が表示されます（図 5.19）。

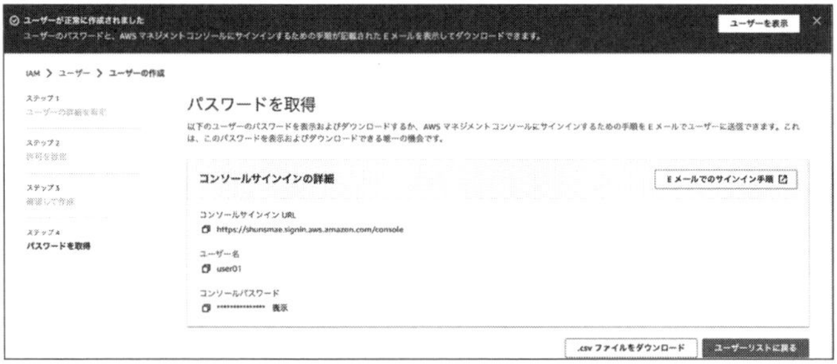

図 5.19 ユーザーの作成結果

ここまででルートユーザーに変わる管理者権限を持つ IAM ユーザーを作成で

きました。管理者権限に相当する AdministratorAccess ポリシーは IAM ユーザーに直接アタッチするのではなく、IAM グループにアタッチすることで間接的に IAM ユーザーに権限が付与されました。そのため、管理者権限を持つユーザーを変更したくなった場合や、管理者に付与している権限を変更したくなった場合は、グループにアタッチされている権限を変更しましょう。

また、IAM グループには次のような特徴があります。

- 複数のポリシーをアタッチできる
- グループの中にグループを所属させるような入れ子構造にすることはできない

特に複数のポリシーをアタッチできるという特徴は、あとから権限を絞り込むのに便利です。例えば、今回作成した Administrators グループから一部の権限を剥奪したい場合、一部の権限を許可しないポリシーをグループにアタッチすることで、すでに付与されている権限を拒否できるようになります。

本章では AWS の利用を安全に始めるためのトピックの簡単な紹介に留めたいので、ポリシーの構造や権限の絞り込みについて触れませんが、7.3 節の「リソースへのアクセス制御」で触れていますのでそちらを参照してください。

5.3.6 IAM ユーザーでのサインイン

これまでの作業で IAM ユーザーが作成されたため、以降はルートユーザーではなく IAM ユーザーで AWS での作業をします。一度ルートユーザーからサインアウトして、IAM ユーザーでサインインしてみましょう。AWS サインインの画面はルートユーザーと IAM ユーザーのどちらでサインインを行うのか、ラジオボタンで選択できるようになっています。

IAM ユーザーとしてサインインするために必要な情報は、

- AWS アカウント ID
- IAM ユーザー名
- パスワード

の 3 点です。

AWS アカウント ID は、アカウントを作成した際の一意な識別子の 12 桁の番号、IAM ユーザー名はさきほど作成した「Administrator」、パスワードはユーザーを作成した際に設定したパスワードです。

認証情報を入力しサインインすることで、IAM ユーザーとしてマネジメントコンソールにサインインができます。多要素認証を設定していないため、3 つの情報だけでサインインできましたが、ユーザーを安全に管理するために IAM ユー

ザーにも多要素認証を設定することを推奨します。

多要素認証の設定方法は、ルートユーザーで多要素認証を設定した手順と同様です[6]。ルートユーザーのセキュリティ認証情報とすこし画面が異なりますが、「多要素認証（MFA）」項目内にある［MFA デバイスの割り当て］をクリックし、同様の手順で設定することができます。

ルートユーザーに変わる IAM ユーザーを作成したので、今後新たに IAM ユーザーを作成したり請求データの確認を行う場合は Administrator を使用しましょう。

5.4 その他の検討事項

以上、本章では「ルートユーザーの保護」と「IAM ユーザーの作成」によって、AWS の利用を始める際の基本的なセキュリティ対策について確認しました。以降では、これらに加えて検討しておきたい対策について説明します。

5.4.1 ほかのユーザーの追加

ひとつ考えておきたいのは、「今後システムの構築など日常的なタスクを行うのは Administrator ユーザーで良いのか？」ということです。今回作成した Administrator ユーザーは、言わばルートユーザーの置き換えになります。つまりルートユーザーだけが持つ権限以外のすべての権限を持っているため、さきほど紹介した「最小権限の原則」に反するユーザーになります。日常的なタスクを行うユーザーには別途 IAM ユーザーの作成を考える必要が出てきます。

ではどのような粒度で IAM ユーザーを作成するのが良いのでしょうか？前提として IAM ユーザーは複数作成することができますが、次のようなメリットから「実際に操作を行う 1 人の人」に対して最低でも 1 つの IAM ユーザーを作成するのが良いとされています。

- 何か問題が発生した際に「いつ／誰が／何を行った」のか履歴を取得し、原因の発見やトラブルシューティングを行える
- 自分たちが設計したルールの上で正しく AWS が利用されているのか監査を行える
- 「最小権限の原則」に則り、必要な権限だけを付与することでヒューマンエラーを予防できる

---

[6] 5.2.1「多要素認証の利用」（P. 60）を参照してください。

前提として AWS のリソースに対するあらゆる操作はすべて API を経由して実行されているということがあります。この API の実行履歴は AWS CloudTrail というサービスで記録されています。「いつ、誰が、どのリソースに対して、何を行ったのか」を正しく記録できるのは、IAM の「認証」を行った結果、誰が AWS のリソースにアクセスしたのかを特定できているためと言えます。1 人に対して 1 つの IAM ユーザーを作成していれば、問題が発生した場合でも CloudTrail を確認することで原因を究明できます。

さらに、1 人に対して複数の IAM ユーザーを作成する場合も考えられます。もし、リリースまでの過程で開発環境／ステージング環境／本番環境といった複数の環境を用意しているのであれば、「開発」、「テスト」、「本番」といった単位でユーザーを分けるのも良いでしょう。すべての環境の権限を 1 つの IAM ユーザーにまとめてしまうと、「開発環境の操作をしていたはずが本番環境を操作していた」といったヒューマンエラーが発生する可能性があります。

また、1 人で複数の IAM ユーザーを所有すると管理が煩雑になるという場合は、IAM ロールという機能を使ったベストプラクティスもあります。IAM ロールについては第 7 章「セキュリティ管理策の要となる防御」で詳細を説明しますが、ここでは「1 人に対して 1 つの IAM ユーザー」という粒度で IAM ユーザーを作成するのが基本であることを押さえておきましょう。

5.4.2 Trusted Advisor

本章の最後に、自身のアカウントが AWS のベストプラクティスに則っているのか簡単にチェックできる AWS Trusted Advisor について紹介します。

Trusted Advisor は次の 5 つのカテゴリごとに AWS のベストプラクティスに準拠しているのかチェックを行い、準拠していない場合は推奨事項を提示してくれるサービスです。

1. コストの最適化
2. セキュリティ
3. 耐障害性
4. パフォーマンス
5. サービスの制限

それぞれのカテゴリに複数のチェック項目が用意されており、チェック項目ごとに Green、Yellow、Red の 3 色で結果を表示してくれます。各色の意味は次のとおりです。

Green：問題が検出されなかったチェック項目

　Yellow：問題がある可能性があるため、チェック項目に関して調査すること
　を推奨する
　Red：問題を検出したため、アクションを推奨する

　例えば、セキュリティのカテゴリにはこれまで説明したような項目もチェック
項目として存在しています。

　ルートアカウントの MFA：ルートアカウントをチェックして多要素認証が有
　効化されていない場合に警告する（図 5.20）
　IAM の使用：1 つも IAM ユーザーが存在しない場合に警告する

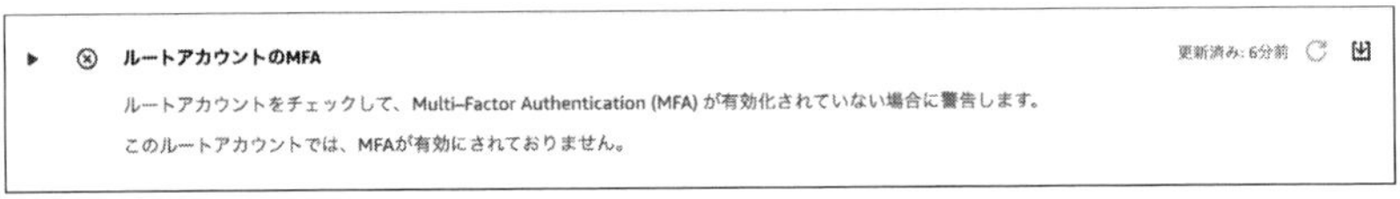

図 5.20　ルートアカウントの MFA に関する警告

　セキュリティのカテゴリには「アカウントの保護」以外にも「アクセス制御」や
「鍵管理」などのチェック項目がいくつか用意されています。これらは AWS アカ
ウントを作成した時点からすぐに利用できるようになっているため、ぜひ一度確
認してみてください。
　今回説明した内容を含め、Trusted Advisor で確認することにより安全に AWS
を始めることができるでしょう。また、Trusted Advisor にチェックされる項
目数は AWS のサポートプランによって異なります。どんなチェック項目がある
のかは AWS 公式ドキュメント「AWS Trusted Advisor ベストプラクティス
チェックリスト」[7] を参照してください。

□　　　　□　　　　□

　本章では、多要素認証やルートユーザーのアクセスキーの削除を行うことによ
る「アカウントの保護」や IAM を使った「アクセス制御」の 2 つの重要な要素
に加え、Trusted Advisor についても説明しました。
　これまで紹介した作業で不正アクセス防止やヒューマンエラーの予防などの対
策を実施しておけば、AWS の利用を最低限安全に始められるようになります。一

---

[7] https://aws.amazon.com/jp/premiumsupport/technology/trusted-advisor/
best-practice-checklist/

方、この章であまり触れなかった CloudTrail を使った操作履歴の確認方法や脅威検知、AWS リソースの変更履歴など、ほかにも AWS を安全に始めていくにあたって考えておくべき要素は存在します。これらについては、以降の章で詳細に見ていくことになりますが、まずは想定されるセキュリティ上の脅威についての検討から始めることになるでしょう。検討の流れは、NIST（National Institute of Standards and Technology）が策定した CSF（Cyber Security Framework）で整理されており、本書でもそれらに沿った解説を進めていきます。

　本章では、おもにアカウントに関するセキュリティを中心に説明してきましたが、次のステップの際に活用できる資料として、AWS が公式で提供している「AWS 初心者向けハンズオン」[8] があります。ハンズオン資料のひとつに「アカウント作成後すぐやるセキュリティ対策」があり、本章で説明したアカウントに関するセキュリティ対策のほか、脅威検知などに関する対策が動画で公開されています。こちらもぜひ確認してみてください。

5

---

[8]https://aws.amazon.com/jp/aws-jp-introduction/aws-jp-webinar-hands-on

第6章
リスクの特定と
セキュリティ管理策の決定

　前章では AWS のクラウドを利用する際に最初に実施しておくべき対応やその設定手順を紹介しました。AWS の各サービスの利用開始時に脆弱性を生じさせないための手法を紹介しましたが、ここからは組織としてシステムを運用していくにあたって必要なセキュリティ管理策について説明していきます。まず、本章ではセキュリティ検討の第一歩である「識別」について解説します。

6.1　NIST CSF と「識別」

　識別（Identify）は、NIST（米国国立標準技術研究所：National Institute of Standards and Technology）が策定した CSF（Cyber Security Framework）における5つのセキュリティ機能のひとつです。

　サイバー（Cyber）とはコンピュータやインターネットが実現する仮想的な環境を指します。このフレームワークではサイバー環境のセキュリティ管理策に必要な機能として図6.1 に示した5つを挙げています。これらはセキュリティ管理策検討の実質的なステップとして考えられます。

図 6.1　CSF の5つの機能

従来、情報セキュリティ管理の仕組みとして構築されてきた ISMS（Information

Security Management System)[1] はセキュリティ侵害を未然に防ぐ予防的管理策に重点を置いていました。これに対し、CSF は事後の管理策としての「検知」、「対応」、「復旧」についても重点を置いていることが特徴です。

昨今のサイバー攻撃が複雑かつ高度化している現状を踏まえると、セキュリティリスクに対して予防的管理策を完全に行うことは難しいと考えられます。CSF の活用はこのような状況への対応も視野に入れた現状での有効なアプローチであり、AWS からも CSF に対応するようなセキュリティ関連のサービスや機能が登場してきています。

CSF の「識別」は、実際にシステムにセキュリティ管理策を施す前に、システム内の守るべき資産とその重要度を評価するステップです。ここでリスクを評価し、管理策やその優先度を明確にしていきます。これは実効的なセキュリティ管理策の策定として欠かせない要素でもあります。リスクを評価して対応を策定する工程は、CSF の定義[2] においては**リスクマネジメント**活動として示されており、このうちの**リスクアセスメント**の部分が「識別」の行程に該当します（図 6.2）。

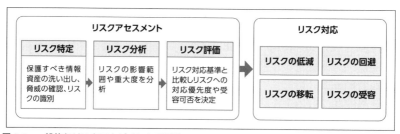

図 6.2 一般的なリスクマネジメントの活動

リスクアセスメントによって導かれた管理策は、次の「防御」や「検知」の段階でシステムに適用されていきます。AWS のクラウド利用でもこの活動を継続して繰り返し、リスクへ対応していくことが求められます。

6.1.1 セキュリティにおけるリスク

ところで、セキュリティ管理策で最も重要な言葉と言って良い**リスク**とはなんでしょうか。ISO/IEC27005 の「Information Security Risk Management」では、リスクについて、

---

[1] 組織の情報セキュリティを管理するための仕組みを指し、これらを定義した国際的な規格としては ISO/IEC27001 があります。
[2] CSF の邦訳は IPA から「重要インフラのサイバーセキュリティを改善させるためのフレームワーク」として提供されています (https://www.ipa.go.jp/files/000071204.pdf)。

The potential that a given threat will exploit vulnerabilities of an asset or group of assets and thereby cause harm to the organization.

と定義しています。これを日本語訳するとすれば、

　資産が抱える脆弱性を狙う攻撃などの脅威により、組織に対して悪影響が生じる可能性

となるでしょう。ここにおける**脅威**とは DDoS 攻撃などのセキュリティを脅かす事象を指しています。**脆弱性**はリスクが顕在化する原因となるもので、情報システムのセキュリティ上の欠陥（セキュリティホール）が該当します。

　こうしたリスクの分析や評価にはさまざまな手法や手順があり、組織全体のリスクを分析するには高い専門性が必要です。通常はセキュリティに関する教育を受けた専門の担当者が各組織と協力しながらリスク分析を実施していきます。

　では、それ以外の方はリスクアセスメントを学ぶ必要はないのでしょうか。筆者は「そうではない」と考えます。さまざまなサイバー攻撃が毎日のように報道されているなか、すくなくともセキュリティ管理策の必要性を判断する人、あるいはそのセキュリティ管理策の実装の担当者はリスクアセスメントの工程を理解しておく必要があります。なぜならセキュリティ管理策はリスクの裏返しであり、リスクアセスメントの結果に応じて、実際に行う管理策を判断することになるからです。リスクアセスメントは、効果的なセキュリティ管理策を採用するためには不可欠な作業です。

　本章では AWS のクラウド環境における特徴を踏まえながらリスクアセスメントのそれぞれの作業を確認していくことにします。ここでは典型的な 3 層の Web アプリケーションシステムを例に、シンプルなリスクアセスメントの流れを見てみます。なお、全社規模のリスクアセスメントでは本章で紹介する手順を広範かつ継続的に実施しますが、本章では、ある程度限定された例を元にリスクアセスメントのイメージを掴んでいただければと思います。

6

6.2　リスクアセスメントのアプローチ

　セキュリティへの投資に関わらず、組織が利用できる経営資源は有限です。一方、組織を取り巻くリスクは多種多様であり、業界や風土に固有なものもあれば、組織固有のものもあります。このような状況下で、企業は有限である経営資源を活用しながらセキュリティ管理策を決めていく必要があります。リスクアセスメントはセキュリティ管理策の現状を把握し、現時点のリスクを特定して評価するプロセスです。これにより、リスクの高いところに重点的に経営資源を振り分ける判断ができるようになります。

6.2.1	代表的なアプローチ

　代表的なリスクアセスメントの手法として、**ベースラインアプローチ**と**リスクベースアプローチ**があります。どちらもリスクアセスメントのアプローチですが、結果としてセキュリティ管理策を導き出すことからセキュリティ管理策策定のアプローチとも捉えられます。それぞれの特徴を説明していきましょう。

● ベースラインアプローチ

　ベースラインアプローチでは、典型的なシステムを想定し、定評のあるセキュリティフレームワークなどを用いて確保すべきセキュリティ管理策を策定します。この管理策を遵守すべき「ベースライン」と位置付けます。

　新規のシステム構築であれば、その要件を参考にシステムを設計します。既存のシステムであれば、その現状と要件とのフィット＆ギャップを評価します。この工程を踏まえてリスクアセスメントのアプローチとされます。この際に企業においてよく用いられるのはチェックリストです。例えばセキュリティ部門やシステムの主管部門がチェックリストを用いて現行のセキュリティ対応状況を確認する作業はよく見られる運用です。

　ベースラインアプローチは一定水準のセキュリティレベルを効率的に維持するには有用な一方、採用するセキュリティフレームワークをたんに流用している場合、自社の対象システムに求める管理策のレベルが高すぎたり、逆に低すぎたりする場合があります。これは各管理策が対応している脅威とシステム固有の要素を考慮してリスクアセスメントを実施していないことが要因です。

　例えば過去に筆者が担当した企業では、侵入検知／防御システムである IDS（Intrusion Detection System）／IPS（Intrusion Prevention System）や、WAF（Web Application Firewall）の導入が一律のルールとして定められていました。しかし、導入が必要となる根拠や前提条件が明確ではなく、WAF が IDS/IPS の代替になるか、サーバーレス環境では何がどこまで必要かなど、セキュリティ部門とシステム開発部門の認識合わせや合意形成に時間を要しました。これではビジネスのアジリティをセキュリティが損なってしまうと言っても過言ではありません。このようなケースではどのような脅威が想定されるのかを考慮し、管理策の選択余地を残す柔軟な対応が必要です。

● リスクベースアプローチ

　リスクベースアプローチでは保護対象の情報システムに対して「重要度」、「脅威」、「脆弱性」の評価指標の元で、リスクの影響範囲や対応優先度を分析します。「重要度」はそのシステムもしくはそれにより実現されているビジネスが損なわ

れた場合の被害の大きさの裏返しになります。これらに対する「脅威」について考え、現在のシステムが持つ「脆弱性」を加味することで、それぞれのリスクについて対応優先度を評価することができます。

　このようにリスクを評価し、組織に受容の水準を設けることで、合理的にリスクの高い領域の「選択」と経営資源の「集中」が可能になります。セキュリティ管理策にメリハリを設けつつ、アセスメントを通じた合理的な意思決定をすることは組織の説明責任の基礎となります。ただし、リスクベースアプローチは情報資産ごとに脅威と脆弱性を分析し、リスクを評価するため、時間と手間がかかります。

6.2.2　アプローチの選択

　セキュリティ管理策を検討する観点からこれらのアプローチを比較すると、表6.1のようになります。

表 6.1　ベースラインアプローチとリスクベースアプローチの比較

	ベースラインアプローチ	リスクベースアプローチ
概要	あらかじめ定めたセキュリティレベル（ベースライン）に基づき管理策を選定	保護対象の資産に脅威が生じる可能性やその影響度に基づいて管理策を検討して策定
必要な管理策確認の難易度	易しい	難しい
管理策検討までの期間	短い	長い
管理策の適切さ	ミスマッチの可能性がある	マッチする
用途例	複数のシステムに共通で適用するセキュリティガイドラインや監査項目の策定など	システム固有のセキュリティ要件／設計項目の策定など

6

　技術や組織をとりまく環境の変化が激しくさまざまな脅威が生じやすい状況では、ベースラインアプローチだけで組織のセキュリティを維持するのは困難です。そこで、近年ではベースラインアプローチは組織における共通のセキュリティ標準の作成[3] やシステム共通のセキュリティ対応の点検に限定し、システム固有のセキュリティ管理策の検討はリスクベースアプローチで進める方法をとることが増えています。

　本章では、リスクベースアプローチによるセキュリティ管理策決定までの進め方を確認していきます。

---

[3] 『Amazon Web Services 企業導入ガイドブック［改訂版］』（瀧澤与一／川嶋俊貴／畠中亮／荒木靖宏／小林正人／大村幸敬 著、マイナビ出版、2022 年）の「AWS におけるセキュリティ標準の策定」が参考になります。

Column FISC でのリスクベースアプローチの採用

　国内の多くの金融機関が、システムアーキテクチャおよび運用に関する指針として活用しているガイドラインに、財団法人金融情報システムセンター（FISC：The Center for Financial Industry Information Systems）が策定した「金融機関等コンピュータシステムの安全対策基準・解説書」があります（https://www.fisc.or.jp/publication/book/000108.php）。この「FISC 安全対策基準」は、日本の金融機関の業界標準のひとつとして広く認知／活用されており、金融庁の監督指針でも主要行、中小／地域金融機関等のセキュリティ検討の参考文書に挙げられています。

　この基準の第 9 版（2018 年 3 月公開）では、リスクベースアプローチの考え方が導入され、各基準項目適用の変更が求められました。ここでは、金融機関等が法律に基づき顧客に商品／サービスを提供するシステムのすべてが安全対策基準の適用対象となり、それらを高い安全対策が必要な「特定システム」とそのほかの「通常システム」に分類しています。そのうえで、組織が自らのリスク評価結果に応じて、基準項目の適用要否および適用範囲を判断することを求めています。

　この変更の背景となったのは、従来の基準の運用上の問題点です。従来の基準は「基幹業務のオンラインコンピュータ・システム」をおもな対象としていましたが、一般により大きな比率を占める「基幹業務のオンラインコンピュータ・システム以外の情報システム」に対しても同じ基準を適用する傾向がありました。こうした極端に安全性に偏った選択は、「リスクの顕在化を予防する対策に無制限に費用を投下することは合理的ではない」として「『金融機関における外部委託に関する有識者検討会』報告書」（https://www.fisc.or.jp/document/fintech/004088.php）でも明確に否定されています。

　組織のリスクに対する意思決定やその受容水準は組織ごとに異なります。自らリスクマネジメントのプロセスを進めていくことが必要です。

6.3　保護する資産を把握する

　リスクアセスメントを始めるにあたって、最初の工程は保護する**資産**の洗い出しです。守るべき情報資産とはどのようなものが該当するでしょうか。例えば、個人であれば他者に秘密にしておきたいプライバシーに関わる情報、企業であれ

ば漏洩したら組織やビジネスにインパクトを与える情報などが該当するでしょう。

　また、法律や業界のガイドラインで保護要件が定められる情報もあります。例えば、日本では「個人情報の保護に関する法律」、欧州では「一般データ保護規則（GDPR：General Data Protection Regulation）」などで個人情報の保護が求められています。なお、GDPR は EU 内に設立された全組織、および EU 内に設立されたか否かを問わず EU のデータを主体とする個人データを処理する組織に適用され、罰則も厳しいことで知られます[4]。

6.3.1　情報資産の識別

　多くの大企業では業務で取り扱う情報の機密区分とその取り扱い方法を定義しています[5]。このような情報の多くは電子データとして PC やサーバー、ストレージ機器などの情報システムに格納されています。したがって、それらのデータを格納している、またはそれらのデータにアクセス可能な OS やミドルウェア、アプリケーションなども含めた情報システム自体の保護も必要になります。個人情報などのデータを保有していなくても、人命に影響を与えるような医療／防衛／電力などのシステム、可用性観点で最大限の保護が必要な基幹ネットワーク等の保護も考えられます。

　分類基準は、基本的には情報セキュリティの三要素である機密性／可用性／完全性の観点で検討します[6]。それらを元に、損失の大きさによる相対的な階層化または絶対的な評価（損害額）の基準を策定し、保護すべき情報資産をリストアップしていきます。

　表 6.2 にデータ／システムの分類基準の例を示しました[7]。

---

[4] これには、ナチスが国民の個人情報の収集にパンチカードを利用し、ユダヤ人その他のマイノリティグループ特定のために活用していたという欧州の歴史的経緯があるとされます（https://time.com/5290043/nazi-history-eu-data-privacy-gdpr/）。

[5] 不正競争防止法では、企業が持つ秘密情報が不正に持ち出されるなどの被害にあった場合、被害者は民事上／刑事上の措置をとることができます。このような観点からも、その秘密情報が不正競争防止法上の「営業秘密」として適切に管理されていることが必要です（経済産業省「営業秘密～営業秘密を守り活用する～」https://www.meti.go.jp/policy/economy/chizai/chiteki/trade-secret.html）

[6] セキュリティの 3 要素については、第 1 部第 3 章の 3.3 節で説明しています。

[7] 紹介した分類基準は米国の FIPS 199「Standards for Security Categorization of Federal Information and Information Systems」（連邦政府の情報および情報システムに対するセキュリティ分類規格）を参考にしています。分類したシステムやデータの具体例としては、FISC が公表した「金融機関におけるクラウド利用に関する有識者検討会報告書」（https://www.fisc.or.jp/document/fintech/file/190_0.pdf）の【図表G】「重要度からみたシステム／データ分類例」が参考になります。

表6.2 データ／システムの重要度分類基準の例

重要度	分類基準	データ例	システム例
高	許可のない情報の開示やシステムによるサービス提供の中断／途絶が、組織の運営、組織の資産、または個人に致命的または壊滅的な悪影響を及ぼすことが予想されうる	個人の病歴情報	医療情報システム
中	許可のない情報の開示やシステムによるサービス提供の中断／途絶が、組織の運営、組織の資産、または個人に重大な悪影響を及ぼすことが予想されうる	従業員の役職情報	営業支援システム
低	許可のない情報の開示やシステムによるサービス提供の中断／途絶が、組織の運営、組織の資産、または個人に限定的な悪影響を及ぼすことが予想されうる	従業員数	社内情報共有システム

6.3.2 システムアーキテクチャの把握

　次に、情報資産として保護すべきシステムを対象に、システムのアーキテクチャを把握していきましょう。

　インターネットの活用が進むにつれてさまざまな情報漏洩事件／事故が世間を賑わせてきましたが、ミドルウェアやアプリケーションの脆弱性を狙った事例は枚挙にいとまがありません。また、データが格納されているサーバーに悪意を持った社員や委託事業者が直接アクセスして情報を取得する事例もあります。そこで、保護したいデータが格納されている情報システムのアーキテクチャや構成要素、ユースケースを明らかにし、どのような経路でそのデータにアクセスできるのかを把握します。

　既存のシステムであれば、このような情報はアーキテクチャ概要図やデータフロー図（DFD：Data Flow Diagram）として確認できるかもしれません。要件定義／設計中のシステムでそのようなドキュメントがない場合は、リスクアセスメントのために作成します。

　例として、AWS上に構成された伝統的な3層構造のWebシステムのアーキテクチャを紹介します（図6.3）。

　このアーキテクチャではAWS利用者の専用のネットワークアドレス空間であるVPCにサブネットが定義され、Amazon EC2やAmazon RDSが配置されています。個人情報はRDSのデータベース内に保管され、個人の写真がS3に保管されています。このシステムが提供するサービスの利用者はインターネットからアクセスし、システム運用部門の担当者（内部ユーザー）はAWSマネジメントコンソールからアクセスすることが分かります。

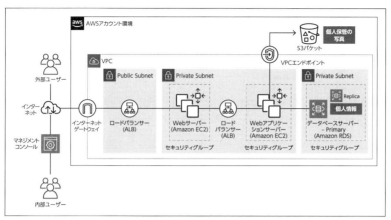

図 6.3 伝統的な 3 層構造の Web アーキテクチャ概要図サンプル

6.3.3 データフローによる保護範囲の把握

データフロー図はシステムにおけるデータの流れを把握できるため、保護すべき対象の IT リソースや通信経路、想定される攻撃拠点の明確化に役立ちます。

データフロー図の作成にはさまざまな手法やツールがあります。ツールには、作成したデータフロー図に応じて想定される脅威を出力するものもあります。一例として、図 6.3 の 3 層構造の Web システムのデータフロー図を示します（図 6.4）。

6

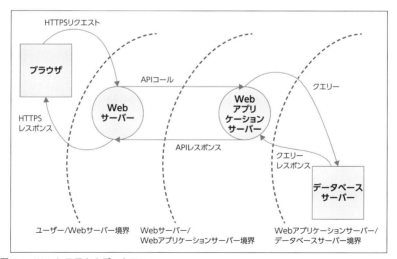

図 6.4 Web システムのデータフロー

　データフロー図では、データの流れが論点となるため、同一または類似の機能を持つ IT リソースは単一のコンポーネントとして記述します。この際、各システムの構成要素間の通信の方向（From/To）を記載した通信要件のドキュメントがあればそれらも活用します。

　また、データフロー図には入出力されるデータなどの信頼範囲を示す信頼境界線を示すことで、その境界で起こりうる脅威の把握がしやすくなります。図 6.4 の例ではブラウザ（ユーザー）と Web サーバーのあいだに境界線が引かれています。このことから、システム利用者からのデータ入力は基本的に信頼できないものと考え、何らかのセキュティ管理策が必要な部分と認識されています。一方、想定される信頼境界線が既存のデータフロー図に引かれていないのであれば、その部分におけるセキュリティリスクに関する検討が不十分だと考えられます。例えば、ユーザー／ Web サーバー境界が認識されていないとすれば、ユーザーからシステムへの入力が検証されていない可能性があり、SQL インジェクションなどの脅威が想定されます。

　信頼境界線はシステムの物理的配置やネットワーク、アプリケーションの観点などで変化します。また、信頼境界線の内側がすべて信頼できるわけではないという点に注意が必要です。現在は、情報資産へのアクセス方法が多様化していることから、境界の概念に加えて個々にコンポーネントおよびそのデータ通信の安全性を検証するゼロトラストセキュリティの考え方も登場しています[8]。

　境界線はシステム構成のレイヤーごとに複数考えられます。こうしたレイヤーごとに独立したセキュリティ管理策を施していく**多層防御**の考え方もセキュリティ検討の基本です。

6.3.4　システムを構成するコンポーネントの詳細の把握

　データの保護範囲を把握したら、続いてシステムを構成している全構成要素（コンポーネント）の詳細を確認していきます。

　情報資産はさまざまなネットワーク環境に分散されていることがあり、その時点の資産情報を正確に把握するのが難しいという課題があります。オンプレミスの環境であれば、執務室内の独立した LAN 内に把握されていなかったファイルサーバーが置かれていたといったこともあるでしょう。

　クラウドは、ユーザーがハードウェアを所有しないぶんシステムが抽象的であり、オンプレミスと同様の物理的な管理ができずに苦慮するケースもあるようです。一方、AWS では構築／運用されている情報システムはすべてアカウントに

---

[8] ゼロトラストについてはさまざまな考え方があります。AWS のブログ「ゼロトラストアーキテクチャ：AWS の視点」（https://aws.amazon.com/jp/blogs/news/zero-trust-architectures-an-aws-perspective/）なども参照してください。

紐付けられた環境内に存在しており、提供するリソースはすべて API で操作が可能という特徴があります。これは、所有している AWS リソースをマネジメントコンソールや CLI（Command Line Interface）の操作で、ほぼリアルタイムに可視化できることを意味します。

例えば、次のコマンドでは、AWS アカウント内における EC2 の情報を取得しています（⇒で折り返しています）[9]。インターネットでは、出力情報をさまざまに加工するコマンドの例が AWS のユーザーによって共有されています。きっと目的に合ったものが見付かるはずなので、ぜひ確認してみてください。

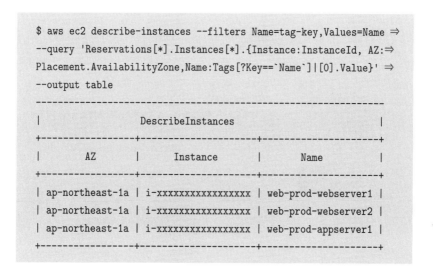

```
$ aws ec2 describe-instances --filters Name=tag-key,Values=Name ⇒
--query 'Reservations[*].Instances[*].{Instance:InstanceId, AZ:⇒
Placement.AvailabilityZone,Name:Tags[?Key==`Name`]|[0].Value}' ⇒
--output table
----------------------------------------------------------------
|                         DescribeInstances                      |
+----------------+---------------------+-------------------------+
|       AZ       |       Instance      |           Name          |
+----------------+---------------------+-------------------------+
| ap-northeast-1a | i-xxxxxxxxxxxxxxxxx | web-prod-webserver1     |
| ap-northeast-1a | i-xxxxxxxxxxxxxxxxx | web-prod-webserver2     |
| ap-northeast-1a | i-xxxxxxxxxxxxxxxxx | web-prod-appserver1     |
+----------------+---------------------+-------------------------+
```

このように AWS が提供するリソースに加えて、利用しているソフトウェアの名称やバージョン、パッチの適用情報などを確認していきます。本章でサンプルとした Web システムについて整理すると表 6.3 のようになります。

AWS の責任共有モデルにおいて利用者の責任範囲とされる資産の情報については、利用者自身が取得手段を実装する必要がありますが、AWS のサービスを活用できる場合もあります。例えば、EC2 の OS に関するインベントリ情報は AWS Systems Manager を利用して取得できます。システムを構成する IT リソースごとに CLI や AWS Config なども利用できます。これらは、図 6.5 のように整理できます。

このようにシステムを構成する各コンポーネントの情報の管理を、一般に**構成管理**と呼びます。これは IT サービスマネジメントにおけるベストプラクティスをま

---

[9] 「AWS CLI Command Reference」（https://awscli.amazonaws.com/v2/document ation/api/latest/reference/ec2/describe-instances.html）

表6.3　情報資産一覧の例

ITリソース名	ITリソース種別	提供サービス種別	AWSサービス	AWS account ID	VPC	リソースID	接続先ネットワーク	保護情報有無
web-prod-alb	Load Balancer	商用系	ALB	123456789012	web-prod-vpc	web-prod-alb	web-prod-public-subnet	N
web-prod-webserver	Web Server	商用系	Amazon EC2	123456789012	web-prod-vpc	i-057750d42936e468e	web-prod-private-subnet	N
web-prod-appserver	Web Application Server	商用系	Amazon EC2	123456789012	web-prod-vpc	i-001efd250faaa6ffa	web-prod-private-subnet	N
mysql-instance-m	Database Server	商用系	Amazon RDS	123456789012	web-prod-vpc	mysql-instance-m	db-prod-private-subnet	Y
web-prod-data-123456789012	S3 bucket	商用系	Amazon S3	123456789012	web-prod-vpc	web-prod-data-1234567890	web-prod-private-subnet (VPC endpoint)	Y

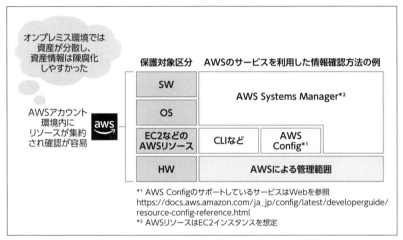

図6.5　AWS クラウド利用における情報資産の確認方法

とめた書籍群であるITIL（Information Technology Infrastructure Library）においても重視されています。

　構成管理情報は常に最新の状態に更新されていることが求められます。これらはそれぞれの情報資産に適したセキュリティ管理策を検討するために必要な情報です。セキュリティ上の脆弱性がOSやソフトウェアから発見された場合、影響を受ける対象の識別をこの情報によって効率的に行えるようになります。

Column データレイクと Macie

　システムのセキュリティに責任を持つ多くの人にとって機密情報や個人情報がどこにあるかは重大な関心事です。昨今はデジタルトランスフォーメーション（DX）推進のため、さまざまな情報を一元的に管理する**データレイク**を持つ企業も増えてきました。しかし、保護すべき情報がデータレイクのどこにあるかを人手で一元的に把握するのは容易ではありません。

　Amazon Macie はこのような問題を解決することを目的に登場しました。機械学習とパターンマッチングを使って AWS 上の機密データを検出／保護するフルマネージドサービスです（図 6.6）。

図 6.6　Macie の検出画面のイメージ

　Macie には、次のような特徴があります。

- AWS アカウント内にある S3 バケットの利用状況、格納されている大量のオブジェクトの可視化が可能
- 設定に基づき、指定バケット内の機微情報の評価／検出を効率的に実行
- 定期的にスキャンを行うことで、S3 バケット上に意図しない機微情報が含まれていないかを可視化

　現状では、日本語の文字列に関する検知機能の提供は限定的ですが、今後に期待できるサービスです。

6.4　リスクの特定

　保護すべき対象のデータとシステムの情報が明確になったら、次は敵を知ること、つまりそれらに対してどのような脅威[10] が考えられるのかを把握する作業に入ります。この作業が**リスクの特定**です。

6.4.1　フレームワークの活用

　リスクの特定を経験や勘に頼って行うと、最終的に漏れのあるセキュリティ管理策となってしまう可能性があります。セキュリティ管理策の推進は、ユーザーの利便性やコストと引き換えになる場面が多く、各ステークホルダー間で合意形成が必要です。そのような背景から説明責任を果たせるかを常に意識する必要があり、定評のあるセキュリティ管理策検討用のフレームワークなど信頼性の高いドキュメントやデータを活用することになります。

　リスク分析のフレームワークには情報セキュリティリスク管理のガイドラインである ISO/IEC27005:2008 の「A New Standard for Security Risk Management」やマイクロソフト社が提唱する STRIDE [11]、国内では IPA の「制御システムのセキュリティリスク分析ガイド第 2 版」（2020 年 3 月版）[12] などがあります。

　IPA の同ガイドは制御システムによらず、汎用的なリスク分析の実務的手順が体系的かつ詳細に記載され、内容も本書発行時点で最新であることから、ここではこれを参考にするものとします。同ガイドではサイバーセキュリティにおける脅威として、情報システムの機器を対象に 15 種類、ネットワークの通信経路に対して 6 種類の攻撃手法を挙げています（**表6.4**）。

---

[10] セキュリティ上の脅威の確認については、米国連邦政府の資金提供を受けた非営利組織 MITRE が提供する「MITRE ATT&CK」（マイターアタック）もよく参照されています。ATT&CK は「Adversarial Tactics, Techniques, and Common Knowledge」の略であり、「敵対的な戦術とテクニック、共通知識」を意味しています。実際の脅威の実例や緩和策、検知方法などがまとめられ、定期的に更新されています。

[11] STRIDE は、Spoofing（なりすまし）、Tampering（改竄）、Repudiation（否認）、Information disclosure（情報の漏洩／意図しない開示）、Denial of service（DoS 攻撃）、Elevation of privilege（権限昇格）の頭文字から取られており、これをさまざまな脅威の持つ性質として見立てることができます。

[12] https://www.ipa.go.jp/security/controlsystem/riskanalysis.html

表 6.4　IPA が挙げるセキュリティ上の脅威となる攻撃手法一覧

機器に対する脅威		通信経路に対する脅威
・不正アクセス	・情報改竄	・経路遮断
・物理的侵入	・情報破壊	・通信輻輳
・不正操作	・不正送信	・無線妨害
・過失操作	・機能停止	・盗聴
・不正媒体／機器接続	・高負荷攻撃	・通信データ改竄
・プロセス不正実行	・窃盗	・不正機器接続
・マルウェア感染	・盗難／廃棄時の	
・情報窃取	分解による情報窃取	

「制御システムのセキュリティリスク分析ガイド第 2 版」より

6.4.2　クラウドにおける考慮点

　ところで、オンプレミス環境と比較して、クラウド利用時のセキュリティとしては前述の脅威以外にどのような点に注意すれば良いのでしょうか。ここではクラウド利用時のリスクと管理策を体系的にまとめた欧州ネットワークセキュリティ庁（ENISA）の「クラウドコンピューティング：情報セキュリティに関わる利点、リスクおよび推奨事項」（2009 年）[13] を紹介します[14]。クラウド利用の情報セキュリティ管理策を規定したガイドライン ISO/IEC27017:2015 など、複数のセキュリティ関連文書から参照されている定評あるドキュメントです。

　ENISA のドキュメントでは、クラウド利用時のリスクとして 35 個の項目を挙げています（図 6.7）。そのうち、クラウドサービスの特徴ゆえに生じる特に考慮すべきリスク[15] として 5 つを挙げています。以降では、それぞれについて確認しておきましょう。

6

---

[13] https://www.ipa.go.jp/security/publications/enisa/cloudsecurityguide.html
[14] 内閣サイバーセキュリティセンター（NISC）より、「情報システムに係る政府調達におけるセキュリティ要件策定マニュアル」（SBD マニュアル）の「別冊クラウド設計・開発編」が 2022 年に発行されました。クラウドサービスの特徴に着目したセキュリティ観点の注意事項を整理し、クラウドサービスにおいて設定すべき基本的なセキュリティ対策の項目や実装の指針が示されています（https://www.nisc.go.jp/policy/group/general/sbd_sakutei.html）。
[15] ENISA のドキュメントではクラウド環境で該当の脅威が生じる可能性をドキュメント内で評価しているため、「脅威」ではなく「リスク」として表現されていると考えられます。

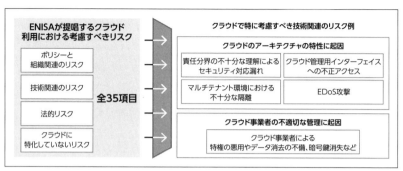

図 6.7　ENISA によるクラウド利用時に考慮すべき技術関連のリスク

● 責任分界の不十分な理解によるセキュリティ対応漏れ

　第 1 部の第 2 章でも説明があったように、クラウドサービスでは責任共有モデルの考え方の元、クラウド事業者とクラウドの利用者の責任範囲が分かれます。この責任分界を理解しないままシステムの設計／運用を行うと、本来 AWS の利用者が対応すべき箇所の対応が漏れる可能性があります。

● クラウド管理用インターフェイスへの不正アクセス

　クラウドのリソースはクラウド事業者のデータセンターで提供されており、利用者には管理用インターフェイスが提供されています。インターフェイスは、いわばデータセンターの仮想的な入り口です。AWS では管理用インターフェイスとしてブラウザから利用する AWS マネジメントコンソールと AWS コマンドラインインターフェイス（CLI）、API が用意されています。
　このような管理用インターフェイスに対して不正アクセスを許してしまうと、情報漏洩やシステムの不正利用などの可能性が生じます[16]。

● マルチテナント環境における不十分な隔離

　クラウドサービスは物理的リソースを仮想化して分割し複数の利用者に提供しています。これにより 1 つのハードウェアで複数のユーザーグループ（テナント）にリソースを提供できますが、その分離が脆弱だと情報漏洩などの問題が生じる可能性があります。AWS では、こうした「テナント隔離の失敗」リスクへ対応していることをホワイトペーパー等[17]で説明しています。

---

[16] 前章で確認したように、AWS アカウントのルートユーザーや IAM ユーザーの認証では MFA（Multi-Factor Authentication）を適用し、これらのリスクへの対応が可能です。
[17] AWS のホワイトペーパー「主要なコンプライアンスに関する質問と AWS の回答」が参考になります（https://d0.awsstatic.com/whitepapers/compliance/JP_Whitepapers/AWS_Answers_to_Key_Compliance_Questions_JP.pdf）。

● EDoS 攻撃

EDoS 攻撃とは Economic Denial of Service-attack の略であり、経済的な損失を目的とするサイバー攻撃です。クラウドサービスでは、一般的に利用量に応じて料金を支払う従量課金を採用しています。例えばクラウド上のシステムに対して DDoS 攻撃などにより負荷をかけ、クラウドの利用料を上げて経済的な損失を引き起こします。AWS のクラウドでは AWS Shield による DDoS 攻撃の緩和が可能なほか、コスト監視に関する設定が可能です。

● クラウド事業者の不適切な管理

クラウド事業者による特権の悪用やデータ消去の不備、暗号鍵の消失など、不適切な管理に起因して情報漏洩などのリスクが生じることを指しています。AWSでは重要なコンプライアンス管理および目標をどのように達成したかを実証する、第三者機関による監査レポート（SOC2 レポートほか）を AWS のマネジメントコンソールから確認できるようにしています。これらの報告書等から、クラウド事業者の統制内容を確認することが可能です。

次のステップでは、これらのセキュリティ上の脅威が保護対象のシステムでどの程度のリスクと想定されるかを確認していきます。

6.5　リスクの分析

6

保護対象のシステムに対して、セキュリティ上の脅威がもたらすリスクの大きさを確認する作業を**リスク分析**と言います。前述の IPA のガイドラインでは資産ベースのリスク分析と攻撃シナリオベース[18] のリスク分析手法が取り上げられています。それぞれの特徴については**表6.5** に示します。

ここでは、前述の Web システムを例に、それぞれの分析手法について確認していくことにします。

6.5.1　資産ベースのリスク分析

資産ベースのリスク分析では、保護対象として洗い出した情報資産ごとに重要度を確認します。そして、想定される脅威を洗い出しながら、その資産において脅威が発生する可能性（脅威レベル）と現状の脆弱性レベルを組み合わせて、どの程度のリスクが想定されるのかを導きます（**図6.8**）。

---

[18] IPA の同ガイドでは「事業被害ベースのリスク分析」と呼んでいますが、本書ではセキュリティ上の脅威と管理策の検討単位の観点を重視し、「攻撃シナリオベース」と表現しました。

表 6.5　リスク分析の各アプローチの特徴と比較

		資産ベース	攻撃シナリオベース
概要		保護資産を把握したうえで個々の資産ごとに脅威とリスクを分析する	被害をもたらす攻撃シナリオについて攻撃ツリーに分解し各攻撃段階の脅威とリスクを分析する
特徴	検討単位	保護対象の情報資産ごと	攻撃シナリオごと
	リスク値の算出	（脅威レベル×脆弱性レベル）×資産重要度	（脅威レベル×脆弱性レベル）×被害レベル
セキュリティ管理策検討観点	メリット	資産ごとに管理策の効率的な検討が可能	多層防御の観点かつ攻撃シナリオへの対応優先度に基づいて管理策の策定が可能
	デメリット	リスク分析の観点が資産単位であり、システム全体の観点で管理策の優先度を判断しづらい	攻撃シナリオの網羅性等に依存するため管理策が漏れる可能性がある。検討量も多いため時間がかかる

図 6.8　資産ベースのリスク分析のステップ

　リスクの大きさを算出する観点からそれぞれのレベルの関係性を表現すると、図 6.9 のようになります。それぞれのレベルを 3 段階で表し、リスクの大きさを定量的に算出していきます。

　まず、6.3.1「情報資産の識別」（P. 85）で紹介したように、各資産の「重要度」を考慮してその評価値を定めます。ここでは次のように想定しました。

　　レベル3：資産が攻撃された場合、システムが長時間停止する恐れがある／
　　　情報が漏洩した場合、巨額の損失が発生する恐れがある
　　レベル2：資産が攻撃された場合、システムが一定時間停止する恐れがある
　　　／情報が漏洩した場合、ある程度の損失が発生する恐れがある
　　レベル1：資産が攻撃された場合、システムが短時間停止する恐れがある／
　　　情報が漏洩した場合、少額の損失が発生する恐れがある

　次に表6.4や6.4.2「クラウドにおける考慮点」（P. 93）で挙げた脅威ごとに、その資産において各脅威が生じる可能性の大きさを「脅威レベル」として評価値を定めます。脅威レベル判断の観点の例には「その脅威を誰が引き起こすか」というものがあります。例えば、脅威を引き起こす主体は悪意のある第三者や内部

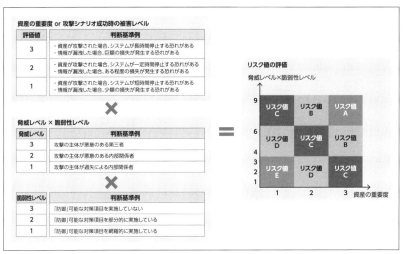

図 6.9 リスク分析における各要素の関係性

関係者、マルウェアなどが該当します。企業によっては内部関係者による脅威が生じる可能性は低いと判断する場合もあるでしょう。ここでは次のように想定しました。

　　レベル3：攻撃の主体が悪意のある第三者
　　レベル2：攻撃の主体が悪意のある内部関係者
　　レベル1：攻撃の主体が過失による内部関係者

6

　そして、想定する脅威が発生した場合にそれを受け入れてしまう可能を「脆弱性レベル」として評価値を定めます。このために、各脅威への現状のセキュリティ管理策の実施状況を基準を設けて確認します。ここでは次のように想定しました。

　　レベル3：「防御」可能な項目を実施していない
　　レベル2：「防御」可能な項目を部分的に実施している
　　レベル1：「防御」可能な項目を網羅的に実施している

　このように情報資産に想定される各脅威ごとに「資産の重要性」と「脆弱性レベル×脅威レベル」を乗算し、リスク値を算出します。これを、例えば、図6.10のようにA（リスクが非常に高い）〜E（リスクが非常に低い）の5段階で表現します。
　このような作業では表計算ソフト等を用いることが一般的です。例として、前

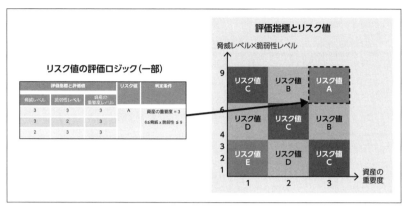

図 6.10　リスク値の評価ロジック

述の Web システムにおけるリスク値の計算を実際に行った結果を図 6.11 に記載
しました。

図 6.11　Web システムに対する資産ベースのリスク分析例

6.5.2　攻撃シナリオベースのリスク分析

　攻撃シナリオベースのリスク分析は、攻撃主体視点で「攻撃シナリオ」、「攻撃
ルート」、「攻撃ツリー」といった要素を整理しながら進めていきます（図 6.12）。

攻撃シナリオ選定	被害レベルの確認	現状確認	リスク値算出
攻撃シナリオ、侵入口、攻撃者、攻撃ルート、攻撃ツリーの検討と選定	攻撃シナリオにおける被害のレベルを確定	現状の脅威レベルと脆弱性レベルを確定	脅威レベルと脆弱性レベル、被害レベルからリスク値を計算

図 6.12　攻撃シナリオベースのリスク分析のステップ

　保護対象のシステムに対して脅威がどのような攻撃シナリオで生じるのかを洗

い出し、攻撃ツリーを組み立てて攻撃シナリオ成功時の被害レベルと脅威レベル、脆弱性レベルからリスク値を算出します。

● 攻撃シナリオの表現

攻撃シナリオの検討では、先に確認した保護対象のデータとそのシステムのアーキテクチャ、データフローに基づき、攻撃主体の視点で、「誰が」、「どこから」、「どうやって」、「どこで」、「何をするのか」を明らかにします。

このような攻撃シナリオおよび攻撃ツリーの検討に関して IPA は次のアプローチを紹介しています。

- 過去および現在の類似システムのインシデント（攻撃手法）をよく情報収集する
- 具体的な情報収集方法としては、攻撃手法に関するベンダーおよび公的機関等のレポートを入手し、または、業界等で行われる脅威情報共有活動への参加を心掛ける
- 上記から得た知識を、攻撃ツリーの選定時や見直し時に活用する

攻撃の「どうやって」に当たる部分は、最終的な攻撃目標の実行に向けた一連の攻撃ステップとして書き下します。この構造を**攻撃ツリー**（アタックツリー）と呼びます。

例として、S3 からの情報漏洩に関する攻撃ツリーのイメージを図 6.13 に示します。

6

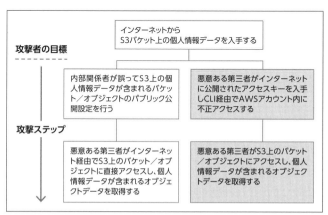

図 6.13　S3 からの情報漏洩に関する攻撃ツリーのイメージ

　この攻撃ツリーを元にリスク分析を行えるような体裁に仕立てたのが図6.14の
「攻撃シナリオ記述」です。資産ベースのリスク分析同様、表計算ソフトを利用し
ます。

攻撃シナリオ			評価指標				対策レベル	
項番		攻撃ツリー／攻撃ステップ	脅威レベル	脆弱性レベル	被害レベル	リスク値	攻撃ステップ	攻撃ツリー
	1-1	インターネットからS3バケット上の個人情報データを入手する						
1		内部関係者が誤ってS3上の個人情報データが含まれるバケット/オブジェクトのパブリック公開設定を行う。						
2		悪意ある第三者がインターネット経由でS3上のバケット/オブジェクトにアクセスし、個人情報データが含まれるオブジェクトデータを取得する。						
3		悪意ある第三者がインターネットに公開されたアクセスキーを入手しCLI経由でAWSアカウント内に不正アクセスする。						
4		悪意ある第三者がS3上のバケット/オブジェクトにアクセスし、個人情報データが含まれるオブジェクトデータを取得する。						

図6.14　S3バケットからの情報漏洩に関する攻撃シナリオ記述例

　ここでは、「インターネットから S3 バケット上の個人情報データを入手する」
という攻撃目標について、攻撃ステップを 1 行ごとに記載しています。

● リスク値の算出

　攻撃シナリオのリスクの大きさを確認するために、検討中の攻撃シナリオにつ
いて、そのシナリオが実行された際の被害レベル／脅威レベル／脆弱性レベルを
想定し、攻撃シナリオのスプレッドシートに値を記入していきます（図6.15）。
　攻撃シナリオが実行された場合の被害は攻撃が最終ステップまで到達し、実行
された際に生じることから、これらの値を基本的に攻撃の最終ステップの該当欄
にのみ記入します（図6.15の項番2）。

攻撃シナリオ			評価指標				対策レベル	
項番		攻撃ツリー／攻撃ステップ	脅威レベル	脆弱性レベル	被害レベル	リスク値	攻撃ステップ	攻撃ツリー
	1-1	インターネットからS3バケット上の個人情報データを入手する						
1		内部関係者が誤ってS3上の個人情報データが含まれるバケット/オブジェクトのパブリック公開設定を行う。					1	
2		悪意ある第三者がインターネット経由でS3上のバケット/オブジェクトにアクセスし、個人情報データが含まれるオブジェクトデータを取得する。	3	3	3	A	1	1

図6.15　S3バケットからの情報漏洩に関する攻撃シナリオベースのリスク値記入例

　被害レベルの判断基準例は、資産ベースのリスク分析における資産の重要度に
関する判断基準を活用できます（前掲の図6.9に「攻撃シナリオ成功時の被害レ

ベル」として表記）。脅威レベル、脆弱性レベルの判断基準も資産ベースのリスク分析同様のものを用います。

　次に各攻撃ステップの対策レベルを評価します。対策レベルは現状の管理策の度合いを示し、数値が低いほど管理策が行われていないことを示すようにします。この対策レベルは脆弱性レベルの裏返しです。つまり、脆弱性レベルが3で脆弱性が潜む可能性が高く想定される場合、対策レベルは1であり、脆弱性レベルが1の場合、対策レベルは3となります。なお、この評価においては、その攻撃ステップに関連する資産の資産ベースのリスク分析が行われていれば、その結果を活用することが可能です。図6.15の「対策レベル」の攻撃ステップ列に評価値を記入します。また、攻撃ツリー全体における脅威への対策レベルは、各攻撃ステップの対策レベルの最大のものと同じです。これは、いずれかのステップで止められればその攻撃は失敗となるためです。攻撃の最終ステップの欄に攻撃ツリー全体の対策レベルの値を記入します（図6.15の項番2）。

　このように攻撃シナリオごとに3つの評価指標となる「被害レベル」、「脆弱性レベル」および「脅威レベル」を乗算し、資産ベースのリスク分析と同様に、例えばA（リスクが非常に高い）～E（リスクが非常に低い）の5段階で評価をまとめます。

6.5.3　セキュリティリスクの評価

　資産ベースや攻撃シナリオベースのリスク分析でリスク値が明らかになりました。どちらのリスク分析でもこのリスク値を可能な限り低減することが理想です。ただし、コスト上の制約や運用体制等の理由から現実的にはすべてのリスクへの対応は難しい場合があります。そのため、リスク値からどのようなリスクが生じる可能性が高いかを関係者で確認したうえで、どのリスクからどこまでをいつまでに対応すべきか方針を決定する**リスク評価**を行います。

　資産ベースのリスク分析では、各情報資産ごとに脅威の生じる可能性を検討し、リスク値を算出しました。これを元に、リスク値が高い情報資産への対応の優先度を上げます。攻撃シナリオベースのリスク分析ではリスク値の高い攻撃ツリーへの対応を優先的に考えていきます。

　図6.16はリスクが非常に高いと評価されたリスク値Aとリスク値Bへの対応を決め、短期間に対応するという方針を導くイメージを示しています。

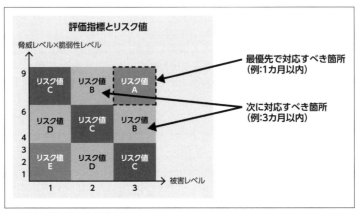

図 6.16 リスク値に応じた対応方針

6.6 セキュリティリスクへの対応アプローチ

セキュリティ管理策とは、セキュリティリスクへの対応策と言えます。一般に、リスクへの対応方法には表 6.6 のような 4 種類があります。

表 6.6 リスクへの対応方法の種類

	説明	例
リスクの低減	リスクの発生頻度や影響を抑える対応	重要データの暗号化
リスクの移転	リスク対応の主体を自組織外に委任する対応	個人情報漏洩時の金銭的補償が可能な保険への加入
リスクの回避	リスクの要因を取り除く対応	データ分析基盤における個人情報の削除
リスクの受容	リスクの発生頻度や影響度が小さな場合にリスクへの対応を行わず受け入れる対応	自然災害によるサービス停止

リスクの低減は何らかのセキュリティ管理策を講じることで脆弱性レベルを小さくし、結果的にリスク値を小さくするアプローチです。リスクの移転は、リスクへの対応を社外に任せるようなアプローチであり、個人情報が漏洩した際の補償に関する保険への加入などが考えられます。

筆者は AWS のクラウドの利用もリスクの移転策のひとつに位置付けられると考えています。第 1 部で見てきたように、AWS の責任共有モデルでは、クラウ

ドのセキュリティについては AWS が責任を負うことになります。例えば、データセンターのセキュリティは AWS が統制しています。したがって、データセンターの運用に関するセキュリティリスクについて AWS 利用者は AWS 側にリスクを移転していると捉えられます。

　ここでは技術的な管理策と関連性の強いリスクの低減に関する対応を中心に取り上げます。

6.6.1　責任分界に基づくセキュリティ対応箇所の識別

　ここでは、クラウドの利用を前提として、責任分界に基づくセキュリティリスクへの管理策決定の流れを見てみます（図 6.17）。

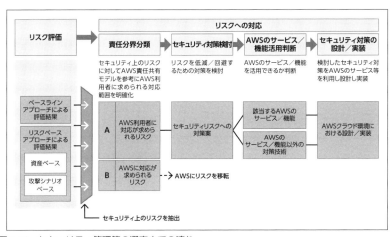

図 6.17　セキュリティ管理策の選定までの流れ

　ベースラインアプローチであれば定義したセキュリティレベルの達成に向けて、リスクベースのアプローチであれば、情報資産や攻撃シナリオにおけるリスク評価結果から検討します。

　まず、責任分界を踏まえて AWS に対応が求められるリスクと利用者に対応が求められるリスクに分類します。さらに、利用者が対応すべきリスクの場合も、AWS のサービスや機能ができるもの、独自に対応をとるべきものに分けて考えることができます。

6.6.2 リスクを低減するためのセキュリティ管理策

リスクの低減方法として、具体的にどのようなセキュリティ管理策を施す必要があるのでしょうか。先の IPA のガイドでは脅威と管理策の候補の一覧が記載されているので参考になります。例として、不正アクセスという脅威への管理策候補を図 6.18 に示します。

脅威 （攻撃手法）	防御		検知	対応	復旧
	初期導入段階/ 内部侵攻・拡散段階	目的遂行段階			
不正アクセス	■FW ■一方向ゲートウェイ ■プロキシサーバ ■WAF ■通信相手の認証 ■IPS ■パッチ適用 ■脆弱性回避		■IPS/IDS ■ログ収集・分析 ■統合ログ管理システム	■ログ収集・分析 ■統合ログ管理システム	

図 6.18　不正アクセスの脅威とセキュリティ管理策

セキュリティ管理策は複数の分類で示されています。NIST の CSF では、セキュリティ管理策を、「防御」、「検知」、「対応」、「復旧」の観点で整理しています。セキュリティは、予防的な管理策のみを実施すれば良いわけではなく、リスクの発生を早期に発見して被害を最小化する管理策や、生じたリスクを記録し追跡性を担保すること、リスクが生じた状況からすみやかに通常状態に復元することも求められます。

つまり、ひとつの管理策でリスクをコントロールするのではなく、さまざまな観点からの管理策の組み合わせが求められます。これもセキュリティで求められる多層防御のひとつです。

次に、これらの管理策とクラウドのサービスとの対応関係について整理しましょう。

6.6.3 AWS サービスや機能の活用

リスクへの低減策としてセキュリティ管理策を検討したあとは、管理策に対して AWS サービス／機能を活用できるかを検討します。各観点に位置付けられる管理策と活用が考えられる AWS サービス／機能の例を表 6.7 および表 6.8 に示します。

表 6.7 観点別のセキュリティ管理策と AWS サービス／機能の例（1）

用途／目的		説明	管理策例	AWSにおける該当サービス／機能例
防御	初期侵入段階	攻撃の最上流（初期段階）における、外部との接続点を介したネットワーク経由の攻撃、あるいはシステム（サーバー／操作端末／機器等）設置場所への攻撃者の物理的侵入を防止する目的で実装される管理策 また、攻撃者（内部犯行者を含む）による、システム（サーバー／操作端末／機器等）への不正ログイン等を防止する目的で実装される管理策	ファイアウォール（FW）	Security Group
				AWS Network Firewall
				AWS WAF
			不正通信遮断（IPS など）	AWS Network Firewall
			アンチウイルス	-
			パッチ適用	-
			脆弱性回避	AWS Systems Manager
			通信相手の認証	AWS Certificate Manager
			操作主体の認証	AWS IAM/Identity Center
			入退管理	（データセンターの管理は AWS の責任範囲）
	内部侵攻／拡散段階	システム（サーバー／操作端末／機器等）への侵入を果たした攻撃者（人間あるいは不正プログラム）による、内部の情報収集や侵入範囲拡大（侵入したシステム内部での拡大およびほかのシステムへの拡散）を防止する	セグメント分割／ゾーニング	Amazon VPC
			アクセス制御	AWS IAM/Identity Center
			許可リストによるプロセスの起動制限	-
	目的遂行段階	「情報窃取」「データ改竄」「制御乗っ取り」「システム破壊」等、攻撃者による最終目的の実現を防止する目的で実装される管理策	重要操作の承認	AWS Step Functions
			データ暗号化	AWS KMS
			データ署名	AWS API リクエストの署名／ AWS KMS
			フェールセーフ設計	（責任共有モデルに基づきシステム個々に設計）
検知		攻撃の実施、あるいは攻撃の成功による被害の発生を早期に検知することを目的に実装される管理策	IDS	-
			アンチウイルス	-
			統合ログ管理システム	・SIEM on Amazon OpenSearch Service (OSS) ・Amazon Security Lake
			機器異常検知	Amazon CloudWatch
			機器死活監視	Amazon CloudWatch
			入退管理	（データセンターの管理は AWS の責任範囲）
			侵入センサー／監視カメラ	（データセンターの管理は AWS の責任範囲）

6

※ IPA「制御システムのセキュリティリスク分析ガイド第 2 版」表 4-28「セキュリティ対策の用途・目的」を元に作成。カテゴリは NIST CSF の名称を採用した

表 6.8　観点別のセキュリティ管理策と AWS サービス／機能の例（2）

用途／目的	説明	管理策例	AWS における該当サービス／機能例
対応	攻撃の成功による被害や影響範囲の把握を目的に実装される管理策。あるいは監査における証跡提示のために攻撃内容の詳細の把握等を目的に実装される管理策	ログ収集／分析	AWS CloudTrail
		統合ログ管理システム	・SIEM on Amazon Open Search Service（OSS） ・Amazon Security Lake
復旧	攻撃の成功による被害を最小限に留めるために実装される管理策。あるいは、サービスの継続、被害の早期復旧を実現することを目的に実装される管理策	データバックアップ	AWS Backup
		冗長化	（責任共有モデルに基づきシステム個々に設計）
		暗号鍵更新	AWS KMS
		フェールセーフ設計	（責任共有モデルに基づきシステム個々に設計）

※ IPA「制御システムのセキュリティリスク分析ガイド第 2 版」表 4-28「セキュリティ対策の用途・目的」を元に作成。カテゴリは NIST CSF の名称を採用した

　AWS のサービス／機能の拡張は絶え間なく続いており、効率的かつ効果的なセキュリティ運用を実現するため、このような情報のアップデートを継続して実施することを推奨します。

6.7　各リスク分析結果への管理策検討例

　ここまでで AWS のクラウド環境でセキュリティ管理策を導くためのアプローチを確認してきました。

　最後のステップは、資産ベースや攻撃シナリオベースのリスク分析結果に対して、どのようにセキュリティ管理策を当てはめていくかを見てみます。ここではリスク分析に用いたスプレッドシート（図 6.11、図 6.15）を元に、キュリティ管理策のマッピング作業を紹介します。これにより、どのようなセキュリティ管理策をどこに実施すれば良いかが明らかになります。

6.7.1　資産ベースのリスク分析結果への対応例

　資産ベースのリスク分析では、各情報資産の脅威ごとにセキュリティ管理策を導きます（図 6.19）。スプレッドシートの対策欄に決定したセキュリティ管理策を記入していきます。

　このような脅威とセキュリティ管理策のマッピングは脅威ごとにあらかじめ定義しておくと効率良く作業を行えます。

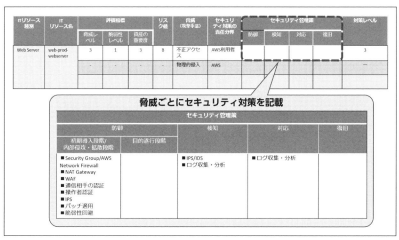

図 6.19　資産ベースのリスク分析作業のセキュリティ管理策記入イメージ

6.7.2　攻撃シナリオベースのリスク分析結果への対応例

攻撃シナリオベースのリスク分析では、各攻撃ステップごとにセキュリティ管理策を導きます。攻撃ツリーではいずれかの攻撃ステップで攻撃を止められれば攻撃は失敗することになりますので、そのような観点で管理策を検討します。例を図 6.20 を示します。

6

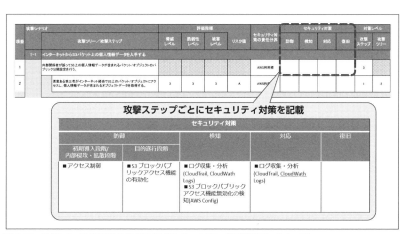

図 6.20　攻撃ベースのリスク分析作業のセキュリティ管理策記入イメージ

　ここでは、S3 ブロックパブリックアクセス機能を防御策として有効化し S3 上のバケット／オブジェクトが公開されないようにすることを意図した内容としています。さらに検知策として、S3 ブロックのパブリックアクセス機能の無効化が行われた場合を検知する管理策を含めています。

6.7.3　分析結果のとりまとめ

　紹介した資産ベースや攻撃シナリオベースのリスク分析手法はセキュリティ管理策を検討すべき対象によって共用したり、部分的に活用されています。共用する場合は双方の分析から導かれた管理策のうち、よりセキュリティ強度の高い管理策を採用することになります。このようなリスク分析検討結果は、システム構築のプロジェクトであれば要件定義書や基本設計書などにセキュリティ要件や実装方針として必要な管理策を含めて記載します。

□　　　　□　　　　□

　本章では、CSF における「識別」に関して、保護すべき情報資産の識別からリスクアセスメントの手法を紹介し、セキュリティ管理策選定までの一連の工程を取り扱ってきました。一般的なリスク分析の流れに、クラウド利用におけるセキュリティの考慮点を加え、AWS におけるセキュリティ管理策の導き方までを紹介しています。

　AWS のクラウドだからと言って従来のアプローチが通用しなくなるわけではありません。一方で、責任共有モデルの考え方から一部の管理策をクラウド事業者に任せることも可能であり、新たに考慮すべきこともあります。

　次章からはセキュリティ管理策の観点別に AWS のクラウド環境における対応の手法と、具体的なサービスや機能を取り上げます。まずは防御に関する管理策を確認していきましょう。

第7章
セキュリティ管理策の
要となる防御

　前章ではリスクアセスメントの手法から各脅威へのセキュリティ管理策への対応付けを確認しました。本章では、そうした脅威に対する管理策のうち「防御」について説明します。昨今のセキュリティ対応では、ひとつのセキュリティ管理策でリスクをコントロールするのではなく、管理策を組み合わせるアプローチが求められます。「防御」は、こうした多層防御の一翼を担います。

7.1　防御とは

　NIST の CSF は「防御」、「検知」、「対応」、「復旧」ごとにセキュリティ管理策を提示しています。このうち、「防御」は潜在的なリスクに対して、そのリスクの発生要因となる脆弱性やそれを狙う攻撃を未然に防ぐ管理策です。

7.1.1　防御策の検討

　防御を考える場合、具体的にはどのような管理策が考えられるでしょうか。

■ システム構成とセキュリティ管理策

　図7.1 に示したのは、第 6 章の 6.6.3 節「AWS サービスや機能の活用」（P. 104）で紹介した「観点別のセキュリティ管理策と AWS サービス／機能の例」（表 6.7、表 6.8）の一部をシステムの構成要素別にまとめたものです。
　CSF のステップごとに管理策が考えられますが、本章で扱う「防御」に関するものもシステムの構成要素ごとに階層化されています。管理策にはプログラムの設計ミスや不具合に起因する脆弱性を回避するために、更新用のプログラムであ

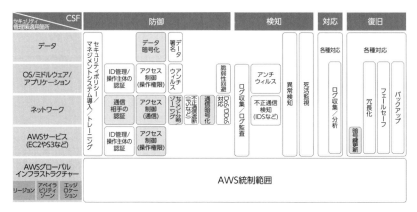

図 7.1 システム構成の各要素におけるセキュリティ管理策概要

るセキュリティパッチの適用なども含まれます。ウィルス感染を防ぐためのウィルス対策ソフトの導入など、クラウドを利用する場合でも OS から上位の部分はオンプレミスと同様の管理策を適用できます。

また、情報システムの脆弱性を防ぐにはそのような脆弱性が生じる可能性に気付くセキュリティの素養が必要です。これらについてはトレーニングなどを通してセキュリティへの意識向上を図り、セキュリティポリシー群の一つとしてルール[1] を定め、管理策の一環として実践します。このような技術面とは異なる管理策も防御の一例です。

● クラウドにおける「防御」

本章では、従来のオンプレミス環境における管理策とはやや実装が異なる、「アクセス制御」と「暗号化」に関連するを取り上げます。どちらもデータを保護するための管理策として利用され、アクセス制御は操作権限や通信の制御が該当します。図 7.1 に示すように、従来、操作権限のシステム的な制御は OS やアプリケーションで実装されてきました。これは AWS においても変わりありませんが、新たに AWS の提供するサービスの操作に関する制御を考慮する必要が生じます。

また、通信のアクセス制御は、AWS 特有の機能を利用したゾーニングやファイアウォールなどの利用が必要であり、本章では AWS のアクセス制御機能の一部として、その特徴を紹介します。

「暗号化」も、オンプレミスでは OS 機能の一部としても利用されてきましたが、

---

[1] ISO/IEC27001（JIS Q 27001）などに基づく（Information Security Management System：情報セキュリティマネジメントシステム）を推進している組織では、一般的に「セキュリティ標準」（スタンダード）を定めています。

AWS では暗号鍵管理のためのサービスが提供され、多くの AWS サービスから利用できるようになっています。暗号鍵管理のシステム基盤の運用負荷が軽減されたことで、AWS ではオンプレミス環境と比較し実装しやすい管理策になりました。本章では保管データと通信データの暗号化の概要、鍵管理の方式、証明書に関する基本知識など、AWS 環境で実装する際に把握しておくべきポイントを紹介します。

7.1.2　「防御」と「検知」

なお、サイバー攻撃は日に日に高度かつ複雑化しているため、防御を完全に行うことは困難です。一方で運用が困難な重厚長大な防御策を実装することも意味をなしません。そのため、次章で紹介する「検知」の管理策と合わせてリスクへの対応を検討します。実際、企業における内部統制[2] の文脈では「防御」は「予防的統制」、「検知」は「発見的統制」と呼ばれ両輪をなすものとして扱われています。防御策が突破されてもその事実を検知することでリスクを低減できる可能性があります。これも多層防御に位置付けられます。

7.2　AWS 環境のネットワークアクセス制御

広義のアクセス制御はサーバールームや機材への物理的アクセスも含まれますが、サイバーセキュリティにおけるアクセス制御は、システムやデータなどの情報資産の保護のためのアクセスのコントロールを指します。このようにアクセス制御は攻撃などの不要なアクセスを事前に防ぐという観点で、「防御」の管理策に位置付けられます。具体的にはシステムへのネットワーク通信において、攻撃の可能性のある不要なトラフィックを制限したり、ユーザーに対する IT リソースの利用許可／禁止のルールを定めてその制御を実装します。

本章におけるクラウドのアクセス制御では、AWS 環境におけるネットワークのアクセス制御と、ユーザーまたは IT リソースベースのアクセス制御の手法を取り上げます。

7.2.1　VPC

AWS でアプリケーションを構築する場合は、アプリケーションのデプロイ先として Amazon EC2 インスタンスを利用したり、データの格納先として Amazon RDS（Relational Database Service）などを利用することが考えられます。こ

---

[2] 組織の業務の適正を確保するための体制を構築していくシステム（制度）を指します。

うしたインスタンスを利用する場合は、AWS 環境でプライベートな仮想ネットワークを作れる Amazon VPC（Virtual Private Cloud）によってアクセス制御が行えます。

AWS には、あらかじめ用意されている「デフォルト VPC」と呼ばれる仮想ネットワークもありますが、ネットワーク経路や通信範囲をカスタマイズするために、通常は新規に VPC を作成します。これにより AWS を利用するほかのユーザーからのアクセスを制御し、独立したユーザー自身のネットワーク空間が作れます。

VPC を作成するにはリージョン[3] を選択し、利用するプライベート IP アドレスの範囲を CIDR（Classless Inter-Domain Routing）ブロックの形式で定義する必要があります。図 7.2 に VPC の例を示します。

図 7.2　2 つのアベイラビリティゾーン（AZ）を利用する VPC のイメージ

ここでは、10.0.0.0/16 という CIDR ブロックで定義された VPC を東京リージョンに作ったという前提で、可用性の観点から 2 つの**アベイラビリティゾーン**（AZ）を利用するものとします。AZ は、1 つのリージョン内でそれぞれ切り離され、冗長な電源、ネットワーク、接続機能を備えている 1 つ以上のデータセンターです。AZ の利用により、データセンターレベルの耐障害性を高めることができます。インスタンスの所属するサブネットごとに AZ の設定が可能です。以降では、この VPC を前提とした設計について見ていきましょう。

---

[3] AWS のデータセンターが集積されている世界中の物理的ロケーション

7.2.2 サブネットを利用したゾーニング

ネットワークのセキュリティ設計として、配置するITリソースやデータの重要度に応じてセグメント（区分）を設けるゾーニング（Zoning）を行い、セグメントごとに通信制御を行うことが推奨されています。ゾーニングは一般的なネットワーク設計の手法ですが、クラウドにおいても有効です。

AWSでは、サブネットを用いたオンプレミス環境同様のゾーニングが可能です。VPCではインターネットとの通信が行えるパブリックサブネットや、そのような設定を行わないプライベートサブネットを構成可能です。例えば、RDSインスタンスにおいてインターネットとの直接の通信が不要、または直接アクセスされたくない場合は、プライベートサブネットに配置するようにします（図7.3）。

図7.3　サブネットの構成例

サブネット間の通信制御にはネットワークACL（NACL：Network Access Control List）が利用できます。NACLは、デフォルトですべての通信が許可されているため、拒否する通信を記述していきます。例えば、データベースなどの重要なリソースが配置されているサブネットは、パブリックサブネットとの直接通信を禁止します。

ここでは、インターネットからのアクセスを受け付けるWebサーバーをEC2インスタンスとしてVPCに配置する際のサブネット設計例を紹介します（図7.4）。

インターネットにWebサーバーを公開する場合、インターネットとの通信が可能なパブリックサブネットへEC2インスタンスを配置し、グローバルIPア

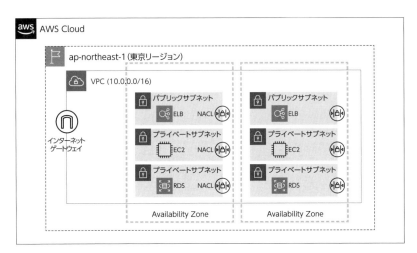

図7.4　プライベートサブネットへのインスタンスの配置

ドレスを付与する構成が考えられます。しかし、この場合、ファイアウォールに不適切な設定が行われた際には不正アクセスのリスクが高まります。そのため、EC2インスタンスはプライベートサブネットに配置し、その手前のパブリックサブネットにはロードバランサーとなるELB（Elastic Load Balancing）を置いて、ELBがグローバルIPアドレスを持つようにします。プライベートサブネットでは、ELBからのHTTP/HTTPS通信のみを受け付けるように構成します。この構成は、後述するセキュリティグループで実現します。

　この構成でELBはリバースプロキシとしての役割を果たします。EC2インスタンスはグローバルIPアドレスを持つ必要はなくなり、インターネットから隠蔽されることになります。また、多数のアクセスを想定した場合のEC2インスタンスの拡張性という面でも、ロードバランサーの利用はメリットのある構成と言えます。

7.2.3　セキュリティグループを利用したファイアウォール

　EC2などのインスタンスごとに適用できる仮想ファイアウォールとして、**セキュリティグループ**と呼ばれる機能があります。ファイアウォールは不正アクセス等を避けるための通信制御の仕組みです。セキュリティグループではインバウンドトラフィックとアウトバウンドトラフィックをコントロール可能です（図7.5）。

　前述のネットワークACLとは異なり、デフォルトの設定ではすべての通信が拒否されているため、システムの開発／運用では通信を許可する設定が必須となります。通信を許可したい場合は、必要最低限のプロトコルと通信ポートの範囲、

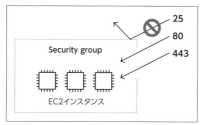

図 7.5　セキュリティグループのイメージ

ソース（リクエスト元）を定義します。図 7.6 に Web サイトをホストしている
EC2 インスタンスのセキュリティグループ設定画面を示します。

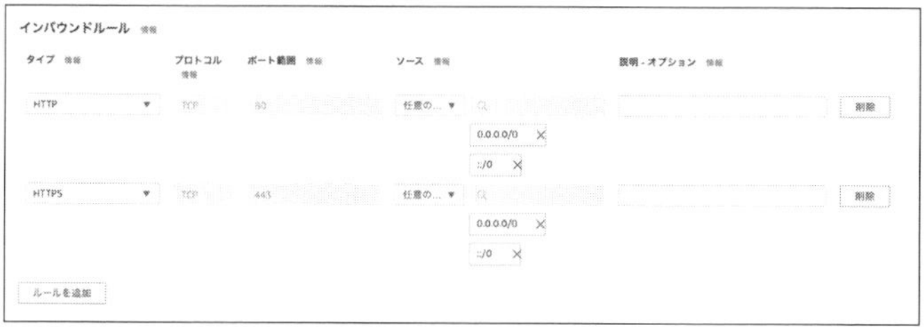

図 7.6　セキュリティグループの設定画面

　この例では、TCP ポート 80（HTTP） および 443（HTTPS）に対してす
べての送信元アドレス（0.0.0.0/0）からのトラフィックを許可しています。な
お、セキュリティグループはステートフルであるため[4]、インスタンスからのリ
ターントラフィックは自動的に許可されます。アウトバウンドルールを変更する
必要はありません。一方、ネットワーク ACL はステートレスであり、アウトバ
ウンドトラフィックのポートを明示的に指定する必要があります。

　また、EC2 インスタンスから RDS インスタンスにアクセスを行う場合、セキュ
リティグループによる通信の許可設定が必要ですが、ソースとして EC2 インス
タンスではなくセキュリティグループ自体を指定することが可能です（図 7.7）。

　図 7.8 中の sg-から始まる文字列がセキュリティグループを示します。

　セキュリティグループは複数のインスタンスで共用できるので、可用性や拡張
性を担保するために複数のインスタンスが必要なケースで便利です。

---

[4] ステートフルとはステートフルパケットインスペクションの略で、出入りするパケットの通信
状態を把握し通信の可否を動的に決める仕組みです。クライアントがサーバーに接続すると、通
常、一時ポート番号範囲（1024-65535、エフェメラルポートと呼びます）のうちのランダムな
ポートがクライアントからのリターントラフィックの送信元ポートになります。

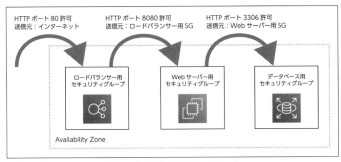

図 7.7　送信元にセキュリティグループを指定する際のイメージ

図 7.8　RDS インスタンスへのセキュリティグループ設定画面

　図 7.9 にセキュリティグループによる通信制御のイメージを示しました。前述したとおり、デフォルトではすべての通信が拒否されているため、明示的に定義した特定のサブネットの 3306 番ポートからの通信のみ許可されます。

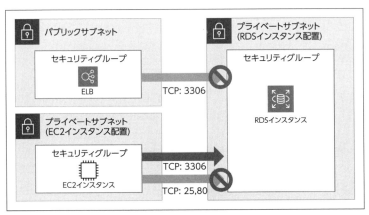

図 7.9　セキュリティグループによるアクセス制御の概要

　このように VPC 内におけるネットワーク観点のアクセス制御を実現することが可能です。ルートテーブルによる通信経路の制御も含めると図 7.10 のようになります。

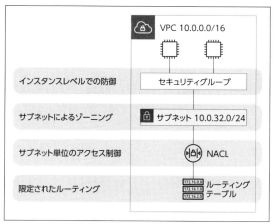

図 7.10　VPC 内におけるネットワーク観点のアクセス制御概要

7.3　リソースへのアクセス制御

　OS 上のファイルに対する参照や書き込みの権限などの管理と同様に、AWS が独自に提供するリソース[5] の操作についてもアクセス制御が可能です[6]。このリソースに対するアクセス制御には、ユーザーなどリソースを操作する主体に権限を付与するアプローチ（アイデンティティベースのアクセス制御）と、アクセス制御のルールをリソースに直接適用するアプローチ（リソースベースのアクセス制御）があります。以降ではそれぞれについて説明していきます

7.3.1　アイデンティティベースのアクセス制御

　アイデンティティベースのアクセス制御とは、アクセスする主体から見て、どのリソースにアクセスできるのかを制御することです。

　AWS のほとんどのリソースは API で操作できるよう設計されています。この操作（アクションと呼ばれます）に対するアクセス制御のために、IAM ユーザーや IAM グループ[7] などに IAM ポリシーを適用します（図 7.11）。

---

[5] AWS におけるリソースとは、ユーザーが操作できるエンティティです。つまり、EC2 などの AWS サービスや S3 のバケットなど、AWS のクラウドを構成するものが該当します。

[6] AWS ブログでは S3 の利用における権限設計のベストプラクティスを解説した実践的な内容が紹介されています（https://aws.amazon.com/jp/blogs/news/introducing-s3-security-best-practices-1/）。本章では一部を参考にしています。

[7] このような操作主体を AWS ではプリンシパルと呼びます。

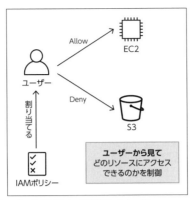

図 7.11　アイデンティティベースのアクセス制御のイメージ

　IAM ポリシーの操作は IAM コンソール画面から設定することが可能です。第 5 章では、作成した IAM グループにポリシーを適用し、新規に IAM ユーザーを作成してグループに加える操作を説明しました。IAM ユーザーはデフォルトではどのような操作も許可されておらず、ポリシーが適用されることで初めてリソースの操作を行うことができます。ここでは、IAM ポリシーの実態をもうすこし詳しく見てみましょう。

● IAM ポリシーのサンプル

　IAM ポリシーの実態は、JSON 形式で操作の許可または拒否を記述した一連のコードです。簡単な例として「AWS アカウント内におけるすべての EC2 のインスタンスを終了することを許可する」という設定のポリシーを紹介します。

```
{
    "Version": "2012-10-17",
    "Statement": [
        {
            "Effect": "Allow",
            "Action": ["ec2:TerminateInstances"],
            "Resource": ["*"]
        },
        {
            "Effect": "Deny",
            "Action": ["ec2:TerminateInstances"],
            "Condition": {
```

```
                "NotIpAddress": {
                    "aws:SourceIp": [
                        "192.0.2.0/24",
                        "203.0.113.0/24"
                    ]
                }
            },
            "Resource": ["*"]
        }
    ]
}
```

Versionや Statementのような要素は、この例に出てくる内容がすべてではありませんが、ポリシーを読み解いていくために一部抜粋して紹介します[8]。

- Version
  IAM ポリシーの仕様に関するバージョン番号が日付で表されます。IAM 側で更新が行われない限り、最新の"2012-10-17"を固定値として利用するかたちになります。

- Statement
  AWS リソースに対する個々の条件を中括弧で記述し、配列で複数の値を定義できるようになっています。Statementの中括弧の中身（ステートメントブロック）に Effectや Action、Resourceなどの具体的な要素を記述します。

- Effect
  同じステートメントブロック内の内容を明示的に許可または拒否するかを指定します。値には Allowか Denyを記述します。

- Action
  アクセス制御の対象となる AWS リソースの操作を記述します。例えば上記の例の 1 つ目のステートメントブロックであれば"ec2:TerminateInstances"と記述されているので「EC2 のインスタンスを終了する」という操作を表しています。Actionも配列で複数の値を含められるようになっているため、1 つのステートメントブロックに複数の AWS リソースの操作を記述し、Effect

7

---

[8] 「AWS Hands-on for Beginners - ハンズオンはじめの一歩 AWS アカウントの作り方＆IAM 基本のキ」(https://pages.awscloud.com/JAPAN-event-OE-Hands-on-for-Beginners-1st-Step-2022-reg-event.html)

に Allow を記述することでまとめて許可するといった使い方が可能です。

- Resource

  Effect および Action だけでは具体的にどの AWS リソースに対して許可するのか、明示的に拒否するのかといった情報が足りません。EC2 であれば複数立ち上げているインスタンスのうちの 1 台なのか、すべてなのかを宣言する必要があります。今回の例のようにすべての AWS リソースに対する条件の場合、ワイルドカードである「*」を記述することですべてのリソースが対象となります。インスタンスごとの個別の指定では Amazon リソースネーム（ARN）を記述します。ARN は EC2 や S3 の詳細のリソースを示す arn:aws: という記述から始まる一意の識別子です。

ここまでの内容を元に例に記述されている 1 つ目のステートメントブロックを読んでみると、「AWS アカウント内におけるすべての EC2 インスタンスの終了を許可する」といった内容を確認できます。

■ IAM ポリシーの評価ロジック

IAM ユーザーはデフォルトでは何も権限が与えられていないため、前述のようなポリシーを定義する必要があります。しかし、「デフォルトでは何も権限が与えられていない」のにも関わらず Effect には Deny を指定できるようになっているのはなぜでしょうか。これを理解するためにはポリシーの評価ロジックについて知っておく必要があります（図 7.12）。

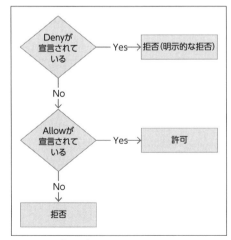

図 7.12　IAM ポリシーにおける評価ロジック

Column Condition

ステートメントブロックにより詳細な条件を付与したい場合は、`Condition`という要素を使用します。`Condition`にはさまざま演算子が用意されています。`NotIpAddress`や`IpAddress`といったIPアドレス条件、文字列条件や日付条件が指定できます。

本稿のIAMポリシーの例でも、1つ目のステートメントブロックに`Condition`を記述し、`IpAddress`条件演算子を利用すれば`Deny`は必要ないように思うかもしれません。IAMポリシーの評価ロジックを確認しても問題ないように思います。これは、現場でよく利用されるテクニックで、禁止に関する操作とその条件を1つのステートメントブロックで管理するようにしているからです。

1つのIAMユーザーやグループ、ロールに複数のポリシーがアタッチされることはよくあります。`Allow`で条件を付与している場合、同じAWSリソースのアクションに対する許可を条件なしで別のステートメントブロックで定義される可能性があります。`Deny`で条件を付与している場合、ほかでいくら`Allow`として操作の許可が行われても、192.0.2.0/24と203.0.113.0/24以外のIPアドレスのレンジからはアクセスできないという2つの条件が優先されます。

このように、意図しない条件で許可が働くより、拒否に働くほうがテストしやすく、事故が起こる可能性を少なくできます。ポリシーの評価ロジックは「より安全なほうに評価される」ようになっています。これは次に紹介するリソースベースのポリシーでも重要な考え方です。

7

ポリシーは`Deny`と`Allow`が指定されているかで、評価の流れが変化します。`Deny`が宣言されている場合は、アタッチした順序やステートメントブロックの位置に関わらず「明示的な拒否」と判定され、その後は`Allow`を記述していても拒否となります。拒否は、1つのIAMプリンシパル（ユーザー／グループ／ロール）に複数のIAMポリシーをアタッチしている場合でも、1つのポリシーに複数のステートメントブロックが定義されているなどの場合も変化しません。ほかのポリシーで`Allow`を記述してアタッチした場合でも拒否となります。このため、`Deny`は「この権限だけは絶対に付与したくない」、あるいは「すべてのリソースに権限を与えたうえで例外条件を設定したい」といったケースで利用します。

前述のIAMポリシー例における2つ目のステートメントブロックは、「すべてのリソースに権限を与えたうえで例外条件を設定したい」ケースです。社内ネットワークや自宅のネットワークからアクセスされた場合のみステートメントブロック

の条件を許可したいといったケースは想像しやすいと思います。2つ目の例では、"192.0.2.0/24","203.0.113.0/24"という IP アドレスレンジからのみ EC2 インスタンスを終了できるという絞り込みを行っています。

7.3.2 リソースベースのアクセス制御

AWS ではリソースへの各種アクションを、リソースに直接適用するポリシーで制御することもできます。これは、リソース（アクセスされる対象）から見て「どこからであればアクセスできるのか」を制御することを指しています。このリソースに適用するポリシーを**リソースベースのポリシー**と呼びます。こちらも、アイデンティティベースのポリシーと同様に、JSON 形式のコードで記述するのが基本です。

アイデンティティベースのポリシーでできることを見てきた方のなかには、アイデンティティベースのポリシーでもリソースを指定できるのに、なぜリソースベースのポリシーが存在するのか不思議に思った方もいるかもしれません。これはアクセス管理の利便性と関係があります。S3 のバケットに対する権限設計の例で考えてみましょう。

S3 バケットのデータ利用者には、IAM ポリシーで特定のバケットに対する権限だけを割り当てることにします。このような運用で利用する S3 バケットが追加されるなどした場合、IAM ユーザーやグループに適用されているポリシーをすべて変更する必要があります。一方、S3 のバケット側に適用するポリシー（バケットポリシーと呼ばれます）であれば、アクセスを許可する IAM ユーザーやグループの変更範囲をバケットポリシー内に抑えられます（図 7.13）。

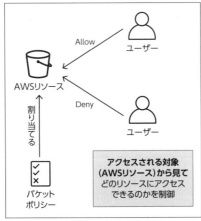

図 7.13　S3 バケットを例にしたリソースベースのアクセス制御

> ### Column サービスコントロールポリシー
>
> これまで見てきたアイデンティティベースのアクセス制御やリソースベースのアクセス制御とは性質が異なる AWS のアクセス制御ポリシーのひとつにサービスコントロールポリシー（SCP）があります。SCP は AWS Organizations で提供されるポリシーです。
>
> SCP は複数の AWS アカウントを運用しているような組織において、そのアカウント内でアクセスできる AWS のサービスやアクションを制御できるポリシーです。AWS アカウントのセキュアな開設と運用を実現する AWS Control Tower では、SCP を利用して Control Tower の提供するセキュリティ環境の保護を実現しています。
>
> Control Tower においては「予防のガードレール」と呼ばれ、各 AWS アカウントに適用されます。詳細は AWS ユーザーガイド「AWS Control Tower のガードレール」(`https://docs.aws.amazon.com/ja_jp/controltower/latest/userguide/guardrails.html`) を確認してください。

また、ポリシーの重要な機能として、細やかな利用条件の制御があります。例えば、ほかの AWS アカウントからではなく、特定の VPC からのみアクセスさせたい S3 バケットがあるとします。この場合も、バケットポリシーに VPC からのアクセス条件を記載すれば、簡単に実現できます。アイデンティティベースのポリシーだけでこれを実現しようとすると、対象となるすべてのプリンシパルのポリシーに VPC の条件を追記する必要が生じます。

ところで、アイデンティティベースのポリシーとリソースベースのポリシーの制御内容が同じアクセス主体とリソースに適用される場合、どのような挙動となるでしょうか。アクションがアイデンティティのポリシーかリソースベースのポリシー、あるいはその両方で許可されている場合は許可されます（図 7.14）。これらのポリシーのいずれかを明示的に拒否した場合、その許可は無効になるよう設計されています[9]。

7

---

[9] AWS はアイデンティティベースのポリシーやリソースベースのポリシー以外のポリシータイプも提供しています。ポリシーの評価ロジックの詳細についてはドキュメントの「ポリシーの評価論理」(`https://docs.aws.amazon.com/ja_jp/IAM/latest/UserGuide/reference_policies_evaluation-logic.html`) を確認してください。

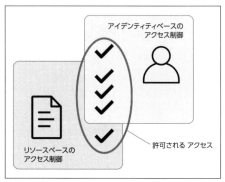

図 7.14　アイデンティティベースとリソースベースのポリシー重複時の挙動

7.4　最小権限の原則の実現

　アクセス権の運用においては、そのユーザーが必要とされる最小限の権限を付与することが重要です（最小権限の原則）。これはユーザーやリソースに、不要なアクセス許可を与えないことを意味しています。セキュリティの防御策として大変重要な原則である一方で、AWS 環境におけるポリシーの設計者たちの頭を悩ませてきたことも事実です。

7.4.1　クラウドにおける権限設定の難しさ

　最小権限の原則の実現が難しい理由としては、オンプレミス環境の一般的な権限設計と比較し、AWS のクラウドでは最小権限の実現の粒度がより細かいという点が挙げられます[10]。

　IAM ポリシーの構成要素である Action は、「"Action": "ec2:*"」といったワイルドカードを記述することによって特定のサービスに含まれるすべての操作を指定することも可能です。「"Action": "ec2:*"」といった記述は EC2 に関する操作だけではなく AWS における仮想ネットワーク、VPC に関するアクションも含まれます。しかし、このポリシーをアタッチする IAM ユーザーは本当にVPC を操作する必要があるのでしょうか。この IAM ユーザーは EC2 だけを操作できればよいのかもしれません。

　このように必要のない権限を与えてしまうと思わぬ事故につながることもあり

---

[10] AWS ブログでは「最小権限実現への 4 ステップアプローチ」（https://aws.amazon.com/jp/blogs/news/systematic-approach-for-least-privileges-jp/）として実践的な内容が紹介されています。

ます。また、アカウントが乗っ取られた場合は、ポリシーに記述されているすべてのアクションが可能であるため被害が大きくなる可能性もあります。

　一方、AWS リソースの操作をアクション単位で 1 行 1 行追記することは、全操作を把握して評価する必要があり現実的に非常に負荷の高い作業となります。例えば、Windows では管理者ユーザーやパワーユーザー、標準ユーザーなどでユーザーに対するアクセス権限を割り当てたり、フォルダやファイルに対しては「フルコントロール」、「変更」、「読み取りと実行」、「読み取り」などでアクセス権を設定することができますが、そうした粒度とはだいぶ異なります。

7.4.2　複数の粒度を使い分ける

　ところで、最小権限の原則の実現粒度はどのような環境でも一律でしょうか。例えば、開発環境と本番環境で同じようなアプローチを採用する必要があるでしょうか。多くの場合、開発環境は保護すべきデータが存在しないように構成されています。また、開発作業が遅延なくスムーズに、ときには試行錯誤しながら進められるように構成されている必要があります。このようなケースはアクション単位の IAM ポリシーの設定に向いておらず、そもそもアクションを定義できないと考えられます。こうした場合は、ログを取得するなど、セキュリティ機構を変更されないような必要最低限の制限を実施する対応で良いと考えられます。

　一方で、本番環境についても考慮する余地があります。本番環境として運用されている場合、その運用業務は大きく「定型的な内容」と「非定型的な内容」に分類されます。

　　定型的な内容：バックアップやサーバーの起動／停止など、システムの安定
　　　的な維持を目的とした作業内容が明確な運用業務
　　非定型的な内容：トラブルシューティングなど、作業内容が規定できない運
　　　用業務

「定型的な内容」については作業内容が明確であるため、アクション単位のポリシー設計が可能と考えられます。後者についてはアクション単位では作業内容が不明確なため、時限的な使い捨ての権限の付与、または後述するアクセスレベル単位のポリシー設計が考えられます。

　はたしてそのようなポリシー設計で安全なのだろうか、という意見もあるかもしれません。確かにアクション単位のポリシー設計に比較すると、厳密さでは劣る部分があります。一方で、開発業務や運用業務に支障が生じるようなポリシー設計ではクラウドの利用が阻害されてしまうのも事実です。そのため、こうした設計では、同時に作業が正しく行われているのかを監査するアプローチを取ります。

　具体的には作業のログを記録し、本来の業務から逸脱した作業がないかを確認

します。監査の方法も、定型的な業務に対しては管理策を補完するためのサンプリング監査、非定型業務に対しては全量監査を行うなどの複数のアプローチが考えられます（表7.1）。

表7.1　環境別の最小権限の原則へのアプローチと発見的統制による補完

環境区分	想定業務	予防的統制（最小限度のアプローチ）			発見的統制	
		特定アクションの禁止[*1]	最小権限（アクセスレベル単位）	最小権限（アクション単位）	監視（典型的な脅威の検知）[*2]	監査（操作内容の確認）
開発環境	−	○			○	
本番環境	定型運用（バックアップなど）			○コマンドの事前承認必須[*3]	○	サンプリング監査を推奨
	非定型運用（システム変更など）		ワンショットの権限付与 / 事前確認必須[*4]		○	申請内容との乖離有無を全量監査[*5]
	非定型運用（トラブルシューティング時）		ワンショットの権限付与 / 事前確認必須[*4]		○	操作内容の全量監査

[*1] 特定アクションはアカウントの改廃、ログ取得などのセキュリティ機構、ネットワーク設定の変更が考えられる
[*2] Amazon GuardDuty による機械学習に基づいた脅威検知を想定
[*3] 操作は事前にコマンドで定義され承認されていることを想定
[*4] 一時的な権限の付与および作業内容の事前確認を想定
[*5] IaC（Infrastructure as Code）により作業を CloudFormation 等でコード化し、事前のコードレビューを実施することで監査を結果確認に留めることが検討できる

　このように粒度を使い分けて防御する管理策を監査などで補うというアプローチが、クラウド利用を阻害しないクラウドセキュリティといって良いかもしれません。アクション単位だけで最小権限の原則を実現しようとするのではなく、利用する AWS 環境の位置付けと想定されるリスクに合わせてポリシー設計の粒度を柔軟に変更することを推奨します。

7.4.3　アクセスレベルの利用

　IAM では、アクションについてアクセスレベル分類（表7.2）を定義しています[11]。アクセスレベルは、アクションがリソースに対してどの程度の操作が可能かを示します。アクション単位ではなく、このアクセスレベルの単位で操作権限を付与することもアプローチのひとつです[12]。各アクセスレベルについて解説します。

---

[11] https://docs.aws.amazon.com/ja_jp/IAM/latest/UserGuide/access_policies_understand-policy-summary-access-level-summaries.html#access_policies_access-level
[12] AWS サービスごとに権限の名称や実装が異なるため、サービスによっては表7.2の例とは異なるアクセスレベルにアクションが分類されることがあります。

表7.2　アクセスレベルと主要なアクション

AWS のアクセスレベル	主要なアクション
List（リスト）	List
Read（読み込み）	Describe、Get
Write（書き込み）	Create、Delete、Update、Put、Run、Invoke
Permissions management（アクセス権の管理）	Permission
Tagging（タグ付け）	Tag

- List
  オブジェクトが存在するかどうかを判断するためにサービス内のリソースを一覧表示するアクセス許可です。例えば、S3アクション ListBucketは List アクセスレベルに分類され、AWSマネジメントコンソールでS3のバケット一覧を表示させることが可能です。

- Read
  サービス内のリソースのコンテンツと属性を読み取るアクセス許可です。ただし、編集するアクセス許可はありません。例えば、S3アクション GetObject および GetBucketLocationは Read アクセスレベルに分類され、そのアクセス許可がある場合、オブジェクトに対する読み取りが可能です。

- Write
  サービス内のリソースを作成／削除／変更するアクセス許可です。例えば、S3アクション DeleteBucket、CreateBucket、および PutObjectは Write アクセスレベルに分類され、そのアクセス許可がある場合、バケットの作成／削除／オブジェクトのアップロードが可能です。

- Permissions management
  サービスのリソースに対するアクセス許可を付与または変更するアクセス許可です。例えば、IAM や Organizations のほとんどのアクション、S3 の PutBucketPolicyや DeleteBucketPolicyのようなアクションは、Permissions management アクセスレベルに分類され、バケットポリシーの変更等が可能です。

　このようなアクセスレベルで定義されているサービスごとのアクション一覧はIAMのポリシー作成時画面で確認することが可能です（図7.15）

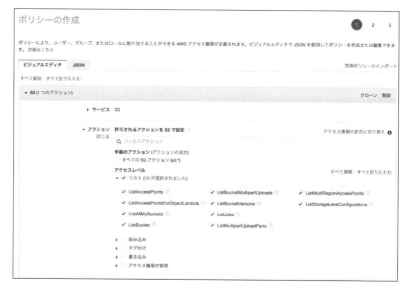

図 7.15　IAM ポリシー作成画面におけるアクセスレベルごとのアクション一覧表示

7.5 IAM ロール

　ここまでポリシーに関する内容を紹介してきましたが、IAM ポリシーの適応対象には第 5 章で紹介した IAM ユーザー／ IAM グループのほかに、「IAM ロール」があります。ここでは、プログラムから各リソースを利用する場合に重要な、IAM ロールについて説明します。

7.5.1 IAM ロールとは

　IAM ロールは IAM ユーザー／ IAM グループと同様に複数の IAM ポリシーを付与できる仕組みです（IAM アイデンティティのひとつです）。この IAM ロールはいずれかの AWS のリソースに適用させる必要があります。適用対象としては次の 2 つが挙げられます。

- IAM ユーザー
- AWS リソース

　IAM ロールには、ロールに付与された IAM ポリシーに記載された権限を一時的に利用できる仕組みがあります。この仕組みについて、AWS リソースに割り

当てられた IAM ロールを使う方法を紹介します。

7.5.2 プログラムから認証情報へのアクセス

　EC2 のような AWS リソースから、異なる AWS リソースに対して操作をしたい場合は、AWS が提供する API を利用します。具体的には、EC2 のようなコンピューティングリソースに自身が作成したアプリケーションをデプロイし、プログラムから API を呼び出します。このとき、Python や Java といった各言語で用意されている AWS SDK は AWS の API を利用しているため、アクセス制御に使用する認証情報が必要となります。

　プログラムがアクセスキー（アクセスキー ID とシークレットアクセスキーの組み合わせ）を読み込む方法としては、次の 3 つが考えられます。

- コードで指定する

  コードにハードコードするかたちでアクセスキーを渡しますが、Git などのバージョン管理システムを利用する場合は、アクセスキーが平文で記録されてしまいます。GitHub などのパブリックな場に公開してしまった場合は、第三者から AWS を利用される可能性があり、この方法は推奨されません。

- 環境変数

  環境変数 `AWS_ACCESS_KEY_ID`と `AWS_SECRET_ACCESS_KEY`にそれぞれアクセスキー ID とシークレットアクセスキーを設定しておくことによってプログラムから参照する方法です。

- 認証情報プロファイル

  ホームディレクトリに`.aws`というフォルダを作成し、フォルダ内に `credentials`というファイルを作成してアクセスキーを記述する方法です。

　いずれもアクセスキーを利用する方法でアクセス制御を行っていますが、アクセスキーを利用している限り、キーが漏洩して第三者から AWS が不正利用されてしまうというリスクはなくなりません。

　そこで、IAM のマネジメントコンソールではアクセスキーを無効にし、一次的な認証情報を使用して AWS を利用する第 4 の方法が推奨されます。

7.5.3 IAM ロールを使った一時的な権限の委譲

　IAM ロールを使用して AWS の API を利用する場合は、AWS STS（Security Token Service）と呼ばれるサービスを使用して、一時的な認証情報を取得できるようになっています。STS の詳細は省略しますが、アクセスキー ID ／シーク

レットキーのほかに、一時的な認証情報としてセッショントークンが払い出されます。

こうした方法はリソースだけでなく、IAM ユーザーに対しても利用可能です。IAM ロールの与えられたユーザーの権限を一時的に利用する場合にも使われます。プログラムからのアクセスでは、自身がアクセスキーを保管するのではなく、AWS リソースに割り当てられた IAM ロールを一時的に利用する、この方法が推奨されます。

ちなみに、1〜4 の方法が 1 つの環境に複数適用されている場合、どの方法が優先されるのでしょうか。この場合は 1 番の「コードで指定する」が最も高く、IAM ロールを使う方法が最も低くなります。「EC2 に IAM ロールを適応させたはずなのに思ったとおりに操作できない」という場合は、認証情報をほかの箇所で読み込んでいないかという点も確認してみてください。

7.6 暗号化を用いたデータの保護

これまでに確認してきたアクセス制御はネットワークの通信やリソースに対する操作を制限することで情報資産を保護するといった管理策でした。このようなアプローチに加えて、暗号化技術を用いて情報資産を保護する手法があります。

暗号化とは対象となるデータに一定の処理を加えて、第三者が解読できないようにすることです。資格がなければ元のデータへアクセスできないことから、暗号化はアクセス制御の性質を持つと言えるでしょう。さきに見たネットワーク通信や IT リソースの操作に関する制御と合わせて、多層防御を実現できます。

AWS のクラウドでは暗号鍵の管理サービスや SSL/TLS 証明書のプロビジョニングサービスが提供され、手軽に IT リソースおよび通信の暗号化が実現できます。暗号化を実施する際の基本的な前提事項と検討内容を確認しながら AWS における実装イメージを見ていきましょう。

7.6.1 暗号化の仕組み

「シーザー暗号」というシンプルな暗号化方式を聞いたことがあるでしょうか。これは暗号化したい文字列の各文字を決まった数だけアルファベット順にずらす手法で、古代ローマのカエサル（シーザー）が用いたとされます。例えば、文字列「CAESAR」の各文字をアルファベット順で 3 文字手前にずらすと（A の手前は Z というように末尾に戻るようにします）、「C」が「Z」に、「A」が「X」に、「E」が「B」に……というようにずれていき、「ZXCPXO」という暗号文に置き換えられます。

シーザー暗号はシンプルですが、現代のシステムでも用いられる暗号の基本的

な仕組みをイメージすることはできます。「文字をずらす」というような暗号文を生成するロジック（手順や規則）を**暗号化アルゴリズム**と呼びます。また、ずらす文字数のように、暗号化／復号処理のためにアルゴリズムに与える情報を**暗号鍵**と呼びます。

　暗号化技術の運用では、IPAが示す「暗号技術の導入・運用にあたって考慮すべき代表的な項目」[13] のように複数の項目があります（図 7.16）。

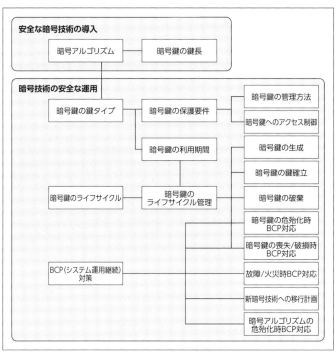

図 7.16　「暗号技術の導入・運用にあたって考慮すべき代表的な項目」

　この暗号化アルゴリズムと鍵長の選択、暗号鍵のライフサイクルに関する管理について取り上げます。

---

[13]IPA「暗号鍵設定ガイダンス」（2022年7月1日第1版公開）の図1（https://www.ipa.go.jp/security/vuln/ckms_setting.html）

7.6.2 暗号化アルゴリズムと鍵長の選択

　シーザー暗号のような単純な暗号化アルゴリズムは暗号鍵を予測しながら復号を試みるための計算量が少なく、暗号鍵がなくても簡単に平文（暗号化前のデータ）に戻すことができます。暗号化アルゴリズムの安全性は、攻撃実行に必要な計算量とそのコストに依存すると言えます。そのため、自分自身で独自の暗号化アルゴリズムを開発し、検証を受けずに利用することは非常に危険です。新しく開発された暗号化アルゴリズムはセキュリティコミュニティの厳しい検証により安全性が確認されることが求められます。実際、技術の進歩によりコンピュータの計算性能が高まり、暗号鍵の解読にかかる計算を現実的な時間で行えるようになった暗号化アルゴリズムがあります[14]。

● 安全な暗号化アルゴリズムの選択

　総務省と経済産業省は、暗号技術に関する有識者で構成される CRYPTREC（Cryptography Research and Evaluation Committees）活動を通して、電子政府で利用する暗号技術の評価を行っており、2013 年 3 月に「電子政府における調達のために推奨すべき暗号リスト」（CRYPTREC 暗号リスト）を策定しました[15]。CRYPTREC 暗号リストは、電子政府推奨暗号リスト、推奨候補暗号リストおよび運用監視暗号リストで構成されています。電子政府の調達に関わらない企業においても暗号化アルゴリズムの選択ではこのリストを参照している実態があります。

　また、鍵長（かぎちょう）の選択も重要です。長すぎる鍵長を使用すると暗号化処理のパフォーマンスに悪影響が出る一方、短すぎるとセキュリティ強度が弱くなります。暗号鍵の生成の際は、IPA の「暗号鍵設定ガイダンス」など、信頼のおけるガイドを参考に適切な鍵長を定めることが重要です。

● 共通鍵暗号方式と公開鍵暗号方式

　暗号化アルゴリズムは、鍵の生成パターンとその鍵をやりとりする方式によって共通鍵暗号方式と公開鍵暗号方式の 2 種類に大別されます。

- ● 共通鍵暗号方式
  暗号化と復号に用いる鍵が同一である方式です。データをやり取りする相手とのみ鍵（共通鍵や秘密鍵、対称鍵とも呼ばれます）を共有します。公開鍵暗

---

[14] このような状況を「暗号化アルゴリズムの危殆化」と呼びます。

[15] https://www.cryptrec.go.jp/list.html

号方式と比べ処理速度に優れる一方、鍵を安全に相手に伝える必要があるほか、異なるデータをやり取りする場合、データの受信相手の数だけ鍵を用意することになります。代表的な暗号化アルゴリズムにストリーム暗号の RC4（Rivest Cipher 4）、ブロック暗号 DES（Data Encryption Standard）や AES（Advanced Encryption Standard）があります[16]。

- 公開鍵暗号方式
  暗号化と復号に用いる鍵が異なる方式です。暗号化用の鍵だけを一般に公開し、その対となる秘密鍵はデータ受信者だけが保有します。そのような点から非対称鍵方式とも呼ばれます。代表的な暗号化アルゴリズムは RSA です。公開鍵からは秘密鍵の入手が現実的に難しくなるという、大きな素数の素因数分解の困難さを利用しています。受信者は復号するための秘密鍵を持っているため、受信者ごとに鍵を生成／送信する必要はありません。このように、公開鍵暗号方式は鍵生成の手間や共通鍵（秘密鍵）を送信するというリスクのない方式ですが、処理速度が遅いというデメリットがあります。

　Web サイトなどで用いられる SSL/TLS 通信では、共通鍵方式と公開鍵暗号方式が組み合わされて利用されています。

7.6.3　暗号鍵の管理

　安全な暗号化アルゴリズムの選定と同様に重要な事項として、暗号鍵の適切な管理が挙げられます。暗号鍵の管理における脆弱性を突く攻撃方法のほうが、暗号アルゴリズム自体の脆弱性や鍵の予測をするよりもはるかに容易だからです。
　2020 年に CRYPTREC から公開された「暗号鍵管理システム設計指針（基本編）」[17] では暗号鍵管理システムの必要性と設計指針を述べています。筆者の経験でも暗号鍵の具体的な管理を規定している組織は少ない印象です。
　暗号鍵の管理には通常、暗号鍵管理システム（CKMS：Crypto Key Management System）を用います。CKMS では暗号鍵の保管と鍵の管理機能を有します。CKMS における暗号鍵の保管ではハードウェアセキュリティモジュール（HSM）が利用されます。HSM は、鍵の生成と保管をひとつの機器内で完結させるもので、鍵が外部に送信されることはありません。HSM は内部の機密情報データや動作などを、外部から解析／改変されることを防ぐ仕組み（耐タンパー性）を有しており、NIST が定める FIPS 140-2 規格への対応がよく確認されます。

7

---

[16]ストリーム暗号はデータを 1 ビットまたは 1 バイトずつ暗号化し、ブロック暗号は一定量のデータをまとめて暗号化します。
[17]https://www.ipa.go.jp/security/vuln/ckms.html

> ### Column　暗号鍵のライフサイクル管理
>
> 　参考までに暗号鍵のセキュアなライフサイクル管理を実現するために筆者が過去に策定した管理要件を紹介します。
>
> 1. 暗号鍵の生成：安全な鍵長を指定し、鍵を生成する。鍵の生成にあたっては同一の暗号鍵によるデータの暗号化範囲が広範にならないようにする
> 2. 暗号鍵の配布：平文で暗号鍵を利用者に配布しない
> 3. 暗号鍵の保存：暗号鍵が暗号鍵管理者以外による不正な行為やシステムプロセスから置換されないようにする。ここでいう暗号鍵はデータを暗号化するために用いたデータ暗号鍵をさらに暗号化する鍵を指す。暗号鍵は安全性が確認された HSM 等に保管する
> 4. 暗号鍵の利用：管理者であってもシステム基盤やデータの管理者、利用者をそれぞれ区別し、暗号鍵の管理、利用を必要最小限にアクセス制御することでデータを保護する。暗号鍵の利用期間を定める。なお、暗号鍵の利用期間終了時の鍵変更プロセスについても定義する
> 5. 暗号鍵の破棄または取り替え（無効化）：鍵が危殆化した場合、その鍵を破棄または無効化、交換する
>
> 　本書では触れませんが、このような観点以外に暗号鍵自体の利用が滞りなく行える可用性を考慮した CKMS の設計や運用も重要です。

7.6.4　暗号化の適用と実施箇所

　データはさまざまな形態で保管され、処理されるために転送されます。AWSにおける例としては、EC2 インスタンスにアタッチされた EBS（Elastic Block Storage）やオブジェクトストレージの S3 上のデータがあります。また、データを処理する際には通常、ネットワークを経由します。暗号化を実施する場合には、データの存在箇所を踏まえて、次の観点で適用する暗号化アルゴリズムを検討します。

- 保管中のデータの暗号化
- 転送中のデータの暗号化

　また、暗号化を実施する際には、その処理をどこで実施するのかも合わせて考える必要があります。実施箇所は、大きくサーバーサイドとクライアントサイドに分けることができます。

- サーバーサイド暗号化（SSE: Server Side Encryption）
  通常は、データを受信するアプリケーションまたはサービス側でデータを暗号化することを指します。ただし、クラウドの場合、カスタマー管理のアプリケーションは、AWS のサービスから見てクライアントサイドに位置付けられます。このようにクラウドの場合、サーバーサイドかクライアントサイドかは、管理責任の区分に依存すると考えられます。AWS では多くのサービスで暗号化機能が提供されています。例えば S3 では、データが書き込まれるときにオブジェクトレベルで暗号化でき、カスタマーがデータにアクセスするときに復号されます。このように、クラウドではカスタマー側で暗号化処理の仕組みを実装しなくてもすむというメリットがあります。

- クライアントサイド暗号化（CSE: Client Side Encryption）
  クライアントサイドの暗号化とは、データを端末などのローカルで暗号化してから、サーバーサイドに転送する方式です。暗号化の仕組みはクライアントサイドで用意する必要があります。この方式では、データが暗号化された状態でネットワーク経路で転送されるため、転送データも暗号化された状態になります。さきほどの例で言えば、S3 は暗号化または復号には関与せず、カスタマー管理のアプリケーションなどで暗号化されたデータを受け取るだけになります。この方式は、アプリケーションの実装次第で暗号化の対象を決められる柔軟性があります。

　表 7.3 に AWS 環境におけるサーバーサイド暗号化とクライアントサイド暗号化の特徴を整理しました。

表7.3　AWS におけるサーバーサイド暗号化とクライアントサイド暗号化の比較

	サーバーサイド暗号化 SSE（Server Side Encryption）	クライアントサイド暗号化 CSE（Client Side Encryption）
暗号化実施箇所	AWS 側 （AWS の各種サービス内など）	カスタマー側 （カスタマーの端末など）
転送時における 暗号化状態有無	無	有 （暗号化されたデータが転送される）
おもなユース ケース	クライアントサイドの暗号化機能の実装負荷や鍵管理システムの運用負荷を軽減したい場合など	既存の鍵管理システムが存在する場合や暗号化の対象範囲を独自に設定したい場合など
利用可能な AWS 鍵管理サービス	KMS（Key Management Service）または CloudHSM	

転送中のデータを暗号化する HTTPS は、SSL/TLS を利用してサーバーサイドとクライアントサイドの双方で暗号化を行う方式です。このため、通信経路の暗号化に関しては、実施箇所の選択余地はありません。一方で保管中のデータを暗号化する際は、上記の特徴を踏まえて暗号化の実施箇所を決める必要があります。

7.7 暗号化関連サービスの利用

AWS では保管中および転送中のデータ暗号化に役立つサービスを提供しています。以降では、おもなサービスの概要と利用時の検討ポイントを紹介します。

7.7.1 KMS による鍵管理

AWS では暗号鍵管理サービスとして AWS KMS（Key Management Service）を提供しています。KMS には暗号鍵の作成などのライフサイクル管理機能やアクセス制御機能があります。AWS のマネージドサービスとして、KMS は暗号鍵管理の物理的セキュリティ／ハードウェア管理／可用性を担います。

AWS のサービスの多くが KMS と統合され、KMS により生成された暗号鍵を用いてデータを暗号化できます。また、鍵へのアクセスは CloudTrail のログとして残すことが可能です（図 7.17）。

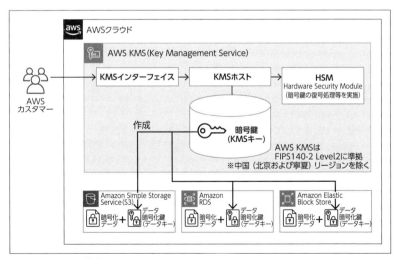

図 7.17　AWS KMS 概要

● KMS キーとデータ暗号化鍵（データキー）

　KMS を適切に利用する際にはエンベロープ暗号化の概念と暗号鍵の種類を理解しておく必要があります。AWS の各サービス上のデータ暗号化で使われる鍵（データ暗号化鍵の意味で「データキー」と呼ばれます）は KMS が生成します。データを暗号化するとデータは保護されますが、容易に復号されないようデータキーも保護する必要があります。その保護方法として KMS では、データキーを別の暗号鍵を利用して暗号化します。この鍵を「KMS キー」と呼びます。

　暗号化されたデータキーはそれ自体ではデータの復号を行えないため、データと同じ場所に保管します。平文のデータキーはすぐに削除します。データを復号したい場合は、KMS に暗号化されたデータキーの復号をリクエストして用います。このような方式による暗号化を「エンベロープ暗号化」と呼びます。

　この方式には複数のメリット[18] がありますが、ここでは次の点に触れておきます。

- ● 鍵管理の簡易化
  KMS キーは複数のデータキーを暗号化できます。そのため、データキーではなく KMS キーを管理することで、管理しなければならない鍵の数を最小限に抑えられます。

- ● データキーの保護
  データキーは KMS キーで暗号化されるため、暗号化されたデータキーの保管方法について心配する必要がありません。暗号化されたデータとともに保管可能です。

- ● 監査の容易性
  データキーは KMS キーとともに利用されるため、KMS キーへのアクセスログにより利用状況の監査を一元的に実施できます。

● KMS キーに関する 3 種類の形態

KMS キーには次に示すような 3 種類の形態があり、それぞれ特徴が異なります。

- ● カスタマーマネージドキー（CMK: Customer Managed Key）
  カスタマーが作成する AWS アカウント内の KMS キーで、カスタマー自身が作成／所有／管理します。CMK に対しては、キーポリシーや IAM ポリシーによる設定、キーの有効化と無効化、キー削除のスケジューリングなど

---

[18] AWS ユーザーガイド「エンベロープ暗号化」（https://docs.aws.amazon.com/ja_jp/kms/latest/developerguide/concepts.html#enveloping）

を制御できます。

- **AWS マネージドキー（AWS 管理キー）**
  AWS マネージドキーは、カスタマーのアカウントにある KMS キーであり、KMS と統合されているサービスがカスタマーに代わって作成／管理／使用します。ローテーションやキーポリシーの変更、削除のスケジュールなどの設定等は行えません。カスタマーは AWS マネージドキーを利用した暗号化操作を直接行えず、それらを作成した AWS のサービスがカスタマーに代わって使用します。

- **AWS 所有のキー**
  AWS のサービスが複数の AWS アカウントで使用するために所有および管理する KMS キーです。カスタマーからは不可視のキーで操作はできません。

基本的にはカスタマーマネージドキーまたは AWS マネージドキーの選択が検討ポイントになります。それぞれの特徴を表7.4 に示します。

表7.4　カスタマーマネージドキーと AWS マネージドキーの比較

	カスタマーマネージドキー	AWS マネージドキー
鍵の管理主体	AWS カスタマー	AWS
キーのローテーション可否	1 年ごとの自動更新（対称暗号化 KMS キーのみ）	
キー削除可否	削除可能	削除不可
キーに対するアクセス制御可否	KMS キーポリシーの利用が可能	不可
他アカウントへのキー共有	他 AWS アカウントと共用可能（※ポリシーで明示的に許可した場合）	自 AWS アカウント内でのみ利用可
おもなユースケース	・自アカウント内外からのアクセスを詳細に制御する場合	・自アカウント外からのアクセスを制御する場合 ・鍵管理／キーポリシー運用負荷を削減する場合

暗号鍵の主体的な管理が求められている場合は、カスタマーマネージドキーを選択することになります。

● S3 バケットの KMS を利用した暗号化例

S3 はデータをオブジェクトとしてバケットに保存するオブジェクトストレージサービスです。バケットとその中のオブジェクトはプライベートであり、IAM ポリシーやバケットポリシーでアクセス許可を明示的に付与した場合にのみアクセ

スできます。

　一方、S3 は KMS と統合されています。S3 オブジェクトを KMS のキーにより暗号化することでキーに対するアクセス権を持たないユーザーからのデータ復号を不可にできます（図 7.18）。例えば、S3 バケットを誤ってパブリック公開してしまった場合でも、KMS のキーにより暗号化していればデータを第三者に読み取られることがありません。

図 7.18　S3 バケットの暗号化設定画面

● IAM ポリシーとキーポリシー

　KMS で生成した CMK へのアクセス制御ではアイデンティティベースの IAM ポリシーと、リソースベースのアクセス制御ポリシーであるキーポリシーを利用します。例えば、IAM ポリシーで特定の暗号鍵に対してのみ操作を許可し、鍵操作に関する個々のアクションはおもにキーポリシー側で制御するといった設計方針が考えられます（図 7.19）。

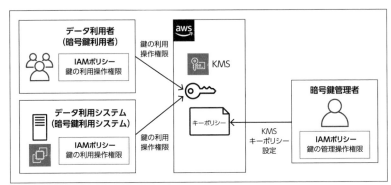

図 7.19　IAM ポリシーとキーポリシー設定におけるアクセス制御

7.7.2 Certificate Manager

ACM（AWS Certificate Manager）は SSL/TLS 証明書を発行し、ELB や Amazon API Gateway、Amazon CloudFront などの ACM と統合されたサービスへ証明書を適用するサービスです[19]。また、この SSL/TLS 証明書の有効期間は 13 か月（395 日）であり、有効期限の切れる前に ACM による自動更新が行われます。証明書が切れてしまうと SSL/TLS 証明書を利用するシステムは暗号化通信などに障害が生じるため、重要な機能と言えます。

● 証明書の認証レベルの種類と選択

SSL/TLS 証明書は、その証明書を使用する組織の存在を規定の方法で証明したデジタル証明書です。証明書は、認証局（CA：Certificate Authority）が申請者のドメイン名や組織の情報を調査したうえで発行されます。これにより、証明書が適用された Web サイトなどはその正当性を証明することができます。証明書の認証レベルには次のような違いがあります。

- DV（Domain Validation）
  証明書の申請者が証明書に記載するドメイン名の所有者か、または使用する権利を得ているのかをメールなどで確認します。ただし、申請者自身の実在性の確認は行われません。例えば、正規のドメイン名に酷似したフィッシングサイト[20] を DV 認証を得た証明書で構築することは可能です。この場合、フィッ

---

[19] EC2 などの統合されていないサービスに対して利用はできません。
[20] なりすましによる電子メールなどによって誘導される偽の Web サイトを指します。アクセスした利用者から経済的価値がある情報を奪うために構築されています。

シングサイトが正規のサイトかどうかを厳密に判断することは困難です。

- OV（Organization Validation）
  DV の認証範囲に加え、証明書を適用する Web サイト等の運営者／運営組織の法的実在性を認証した証明書です。

- EV（Extended Validation）
  OV の認証範囲に加え、証明書を適用する Web サイト等の厳格な実在性確認（物理的／運営的な存在性を確認）および申請者確認（申請者の役職と権限の確認を含む）を実施します。

なお、ACM による SSL/TLS 証明書は DV 証明書に該当します。上記のように、認証レベルによって考慮点があるため証明書を適用する Web サイトの環境やデータの通信経路に応じて使い分けます。

このように ACM で発行される SSL/TLS 証明書は、Web サイトなどのシステムの正当性の証明と通信の暗号化で利用可能です。また、発行された証明書に料金はかかりません。手軽に証明書を発行でき、発行した証明書もコンソールから一元管理可能です。転送データ暗号化に有用なサービスと言えます。

Column 証明書と通信の暗号化との関連

SSL/TLS 証明書は通信の暗号化とどのような関連があるのでしょうか。SSL/TLS 証明書を使った暗号化通信では、公開鍵暗号方式で共通鍵を授受し、共通鍵暗号方式で実際のデータをやり取りします。Web サイトを利用する際の暗号化プロトコルとして知られる HTTPS も HTTP による通信を SSL/TLS で暗号化します（HTTPS は HTTP over SSL/TLS の略です）。

じつは SSL/TLS 証明書には Web サイトの公開鍵が含まれています。SSL/TLS 証明書の申請者は、認証局に対して自身で作成した証明書発行要求（CSR: Certificate Signing Request）を送ります。その CSR に公開鍵や所有者情報、申請者が対応する秘密鍵を持っていることを示すための申請者の署名が含まれています。認証局の秘密鍵で生成した電子署名（CSR をハッシュ化したものを秘密鍵で暗号化）を CSR の末尾に付け加え、認証局による認証が得られていることを示すことでデジタル証明書ができあがります。

Web サイトのアクセス者は発行された証明書からこの公開鍵を取り出し、暗号化通信の確立を始めていくことになります。

7

□　　　□　　　□

　本章では、「防御」に関するセキュリティ管理策として「アクセス制御」と「暗号化を用いたデータの保護」を取り上げました。「アクセス制御」では、ネットワーク観点のアクセス制御からリソースに対するアクセス制御としてアイデンティティベースとリソースベースのアクセス制御の手法について紹介しました。

　AWS では、リソースへの操作（アクション）単位でアクセスを制御することが可能です。そのため、セキュリティ管理策における最小権限の原則の実現では、その粒度が設計や運用の負荷を増大させる場合があります。この点に関して、開発環境や本番環境、定型業務や非定型業務によって発見的統制による補完の考え方を示しました。

　また、「暗号化を用いたデータの保護」は AWS の暗号鍵管理のサービスである KMS を中心に取り上げました。オンプレミス環境で暗号鍵管理のインフラを構築／運用する手間と比較して、KMS はマネージドサービスとして提供されており、手軽に利用できます。そのため、AWS 環境におけるデータ保護では暗号化は非常に強力な手段となります。

　防御の管理策はリスクの発現を抑えるために有効な手立てであり、本章で紹介した以外にも防御策として活用可能な AWS サービス／機能があります。AWS の発信する情報を確認し、これまでに確認したセキュリティリスクに対して網羅性のある検討を進めていきましょう。

第8章
セキュリティ検知の
仕組み作り

　前章で取り上げた予防的な対策は、予測した脅威の発生を防ぐ手段でした。し
かし、組織外部からのサイバー攻撃の主流が個人によるいたずらだった時期は終
わり、今では犯罪集団や国家などによる組織的攻撃（または行為）に変わってき
ています。サイバー攻撃が高度かつ複雑化するなか、予防策だけで安全を確保す
ることは困難です。

　また、企業の内部統制の前提となるアクセス権限管理は、利便性と表裏一体で
す。例えば、システム開発者に対する権限を絞り込めばセキュリティの強度は高
まりますが、開発の自由度が落ちることで利便性は損なわれます。クラウドでは
新しいサービスや機能が継続的に提供されサービス改善や拡張に役立てられます
が、それらの利用に至るまでのプロセスが複雑すぎると、クラウド本来の利点を
損なうことにもなります。

8.1　ガードレール型のセキュリティ

　このような予防的対策の課題に対して、併用を求められる対策が外部／内部の脅
威の発生や異常の兆候を発見する「検知」です。AWS は 2018 年に AWS Control
Tower と呼ばれるサービスを発表しました。このサービスでは複数の AWS アカ
ウントを開設し運用する際にセキュリティのベストプラクティスを簡単に実装で
きる機能と設定が提供されています。これらは**ガードレール**と呼ばれますが、こ
こには「予防」および「検知」の観点が含まれています。そして、両者の一部設定
は強制的に各 AWS アカウントに適用されます。ここで AWS が「ガードレール」
という名称を用いている理由を著者なりに解釈しながら「検知」の位置付けを明
確にしたいと思います。またイメージを膨らませたいため、検知に関するサービ
スの概観を示します。

8.1.1 ガードレール型とゲートキーパー型

「ガードレール」と言えば皆さんが思い浮かべるのは道路のガードレールでしょうか。道路のガードレールは重大な事故を防ぐために設置されていますが、普段は車の進行を妨げることはありません。Control Towerで用いられている「ガードレール」という用語には、道路標識のような規制をたくさん設ける「防御」策に偏重した管理策（ここでは「ゲートキーパー型」と表現します）とは異なり、「検知」策を併用してクラウド利用という「道」の通行を妨げないようにする意味合いがあると考えられます（図8.1）。

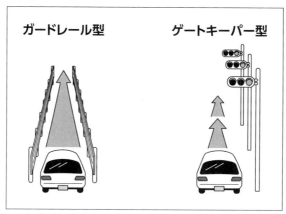

図8.1　ガードレール型とゲートキーパー型のセキュリティ対策イメージ

「検知」は、異常な活動やその兆候を発見し、セキュリティを維持することを目指します。これは「防御」が不要になることを意味するわけではありません。「検知」は、完璧に実施することが現実的に難しい「防御」という予防的対策を補完する管理策となります。

「検知」では最終的に当該の事象をしかるべき人やシステムに伝え、認知してもらう必要があります。本章では情報資産に関するセキュリティ上の「検知」の目標を「異常な活動やその兆候をセキュリティ管理者にメールなどでアラートとして通知すること」として、どのような仕組みを用意するべきかを検討していきます。

まず、「検知」の目的と対象を考え、「検知」に関する活動を組織の業務として整理していきます。次に、システムとしてそれらを実現する方法を検討し、ログの保管や分析の方法を考えます。さらに、脅威インテリジェンスの活用や監視結果の集約など、脅威を効率良く発見して一元的に管理する手段について解説し、最終的に次のステップを担う相手に検知結果を引き渡すまでを説明します。

8.1.2　検知を実現するサービス

AWS は検知を実現するためのさまざまなサービスを提供しています。それぞれのサービスの特徴は後述しますが、図8.2 に示すように各種ログやサービスを連携させることで、さまざまなセキュリティ上の検知を実現できます。

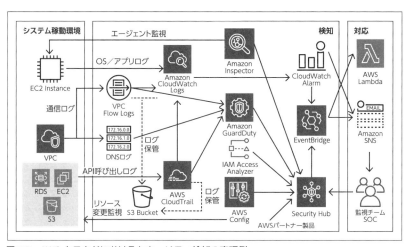

図 8.2　AWS クラウドにおけるセキュリティ検知の実現例

　一見、複雑に見えますが、例えばマネージド型脅威監視サービスである Guard-Duty は AWS マネジメントコンソールを数回クリックするだけで有効化でき、ソフトウェアやハードウェアをデプロイしたり維持したりする必要はありません。

8.2　検知の目的と対象となる事象

8

　セキュリティ関連のイベントを収集／統合し、アラートを出す活動はサイバーセキュリティ対策の根幹を成します。しかし、実際にはどのような事象について検知するべきでしょうか。まず検知の目的から考えていきましょう。

　本書で解説している NIST の CSF（Cyber Security Framework）では、「検知」を実現するために、次のような取り組みを挙げています。

　異常とイベントの確認：異常なアクティビティを的確なタイミングで検知し、当該のイベントが及ぼす潜在的な影響を把握する

　セキュリティの継続的モニタリング：情報システムとデータを別個の間隔で
監視して、サイバーセキュリティイベントを洗い出し、保護手段の有効性
を検証する

　これらの内容から本章ではセキュリティにおける検知を次のような目的を持つ
ものとします。

- セキュリティ観点における異常なアクティビティと影響の把握
- 情報資産に対するセキュリティ対策の有効性検証

　2つの目的について、検知すべき事象をそれぞれ確認していきます。

8.2.1　異常なアクティビティとは

　保護すべき情報システムにおける、異常なアクティビティの実行者にはそのシ
ステムの利用者、開発者／運用者などの関係者、システムとは直接の関わりを持
たない第三者が考えられます。関係者による異常なアクティビティには、「与えら
れている権限の範囲を超える操作の試行」や「通常とは異なる操作パターン」な
どが考えられるでしょう。第三者によるものとしては、「ネットワーク経由で行わ
れるパスワードクラッキング」、「Web アプリケーションの脆弱性を突く SQL イ
ンジェクション攻撃」などが相当します。
　このような異常なアクティビティの例は、第6章で検討した各脅威を発生させる
「攻撃シナリオ」から導けます。例えば、図6.14（P. 100）では「インターネット
から S3 バケット上の個人情報データを入手する」という攻撃目標に対して、「内
部関係者が誤って S3 上の個人情報データが含まれるバケット／オブジェクトのパ
ブリック公開設定を行う」というステップが表現されています。S3 上の個人情報
データが含まれるバケット／オブジェクトのパブリック公開設定は通常、不要[1]
です。このような設定操作が行われることを「異常なアクティビティ」として定
義します。

8.2.2　セキュリティ対策の有効性検証とは

　前章の「セキュリティ管理策の要となる防御」ではセキュリティ上の脅威に対
して、そのような脅威を発生させないための対策を検討しました。しかし、これ
らが保護すべき情報資産において確実に機能していなければ有効ではありません。

---

[1]S3 自体を Web サイトとして利用する「静的ウェブサイトホスティング」機能を利用してコ
ンテンツを公開する場合もありますが、そうした要件の場合は別の検討が必要です。

したがって、「情報資産に対するセキュリティ対策の有効性検証」では、「各情報資産に対するセキュリティ管理策の不備」を検知することとなります。

例えば、「本来暗号化されているべき S3 のバケットが、暗号化されていない状態を検出する」という具合です。本来、このような不備の有無はシステム構築プロジェクトのテストフェーズで確認が行われます。しかし、そもそも要件や設計項目にそのような管理策が含まれていなかったり、システム運用を経て何らかの理由でセキュリティ設定を解除してしまうことも考えられます。そのような場合は、セキュリティ管理策に不備が生じます。

不備の有無を確認する対象の把握には、次に挙げるドキュメントが参考になるでしょう。

- 該当システムの「資産ベースのリスク分析」および「攻撃シナリオ」
- 該当システムのセキュリティ要件／設計項目
- 該当組織におけるセキュリティ標準

例えば、資産ベースのリスク分析作業の一環として、図 6.19（P. 107）では Web サーバーに対して求められるセキュリティ管理策を列挙しました。この図は抽象度が高い表現に留まっていますが、Web サーバーに対して、ファイアウォールとなるセキュリティグループの適用が求められているため、正しいセキュリティグループが適用されているか、また、そのセキュリティグループが適切な通信ポートのアクセス制限を行っているかを検証する管理策が求められます。

8.3 「検知」に関する業務

セキュリティにおける検知は、企業の内部統制の文脈では「発見的統制」として位置付けられるものです[2]。前述の情報資産におけるセキュリティ検知の活動を、企業における業務としてまとめてみるとどうでしょうか？ 脅威の発生元別に俯瞰すると表 8.1 のようになります。

外部脅威への対応業務はおもに監視業務と分析業務に分類でき、前者は現時点で行われている「異常なアクティビティ」の有無、後者はその影響確認や異常なアクティビティの遡及的な洗い出しが主要業務になります。前者はニアリアルタイムで該当イベントをシステム的に検知するのに対し、後者は蓄積されたログに対してトライアンドエラーで検出ロジックの改良を繰り返しながら分析を行うような業務です。

内部脅威への対応業務では、「セキュリティ設定の不備の確認」が新たに必要と

---

[2]防御は「予防的統制」として位置付けられます。

147

表8.1 企業における発見的統制に関する業務

内部／外部	業務分類	観点	業務内容	活用可能な AWS のサービス／機能
外部脅威	監視業務	異常なアクティビティの有無	攻撃の予兆や実行中の攻撃をニアリアルタイムに発見し検知する	・Amazon GuardDuty ・AWS WAF
	分析業務	異常なアクティビティの有無および影響範囲分析	ログ等を対象に不審な攻撃を遡及して洗い出す。また、その影響範囲を確認する	・Amazon CloudWatch Logs Insights ・Amazon Detective ・Amazon Athena
内部脅威	監視業務	異常なアクティビティの有無	ベストプラクティスなどに基づき不正行為の予兆や実行中の行為をニアリアルタイムに発見し検知する	・Amazon GuardDuty ・Amazon Cloudwatch Logs filter ・AWS CloudTrail Insights
			脅威シナリオに基づく検知ルールを定義し、異常なアクティビティをニアリアルタイムに発見し検知する	・Amazon Cloudwatch Logs filter
		セキュリティ設定の不備の有無	ベストプラクティス等に基づきセキュリティ設定の不備を発見し検知する	・AWS Trusted Adviser ・AWS Control Tower ・AWS Config ・AWS Security Hub
	分析業務	異常なアクティビティの有無および影響範囲分析	ログ等を対象に不正行為が疑われるアクティビティを遡及して洗い出す。また、その影響範囲を確認する	・Amazon CloudWatch Logs Insights ・Amazon Detective ・Amazon Athena
	点検業務／監査業務	操作内容の正当性	ユーザーの操作内容が認められた内容から逸脱していないかを確認する	・Amazon CloudWatch Logs Insights

なります。点検業務／監査業務では、許可された業務とアクセス権の範囲内で正当に操作が行われているかを確認します[3]。例えば、本番環境のシステムに対するバックアップなどの定常運用やバージョンアップなどの非定常運用が正常に行われているかを確認します。

　これらの業務は実施する範囲や内容によって運用負荷が変わります。「防御」で記載した予防的統制の内容と運用負荷を考慮し、相互の統制内容を補完し合いな

[3]ここではシステムのオーナーによって確認する場合を「点検」、第三者による確認を「監査」としています。経済産業省「システム監査基準」（平成30年4月20日）によると、システム監査とは「専門性と客観性を備えたシステム監査人が、一定の基準に基づいて情報システムを総合的に点検・評価・検証をして、監査報告の利用者に情報システムのガバナンス、マネジメント、コントロールの適切性等に対する保証を与える、又は改善のための助言を行う監査の一類型である。」とされています。

がらセキュリティを維持する必要があります。

それぞれの業務に活用可能な AWS のサービス/機能は後述します。

8.4 監視の仕組み

検知を行うためには、普段から**監視**を行う必要があります。監視は、アラートを出す検知に対して保護対象となる情報資産とそれを取り巻く状況/状態を確認する行為です。セキュリティ上、効果的な検知を行うには、日頃から監視を継続的に行うことが重要です。

8.4.1 監視手段の分類

セキュリティ管理策は「人的対策」、「物理的対策」、「技術的対策」に分類して考えることができます[4]。セキュリティ上の監視も同様に分けて考えることができます（表 8.2）。

表 8.2 セキュリティ監視の実現手段例

対策種別	監視手段の例
人的対策	警備員による入退館時の監視
物理的対策	物理的な設備として用意する監視カメラ
技術的対策	ログなどに対する特定イベント発生有無のシステム的な監視

「技術的対策」としては、システムのイベントや操作ログ等に対するセキュリティ製品/サービスによる監視が考えられます。ここでは「技術的対策」にフォーカスし、監視内容に応じた監視の仕組みの例を確認しておきましょう。

8.4.2 異常なアクティビティの監視

セキュリティ観点における異常なアクティビティの監視では、そのアクティビティを記録したログの取得が前提となります。情報システムにおけるログとはシステムへのアクセスや動作状況に関する情報が時系列で記録されたデータです。ログは、保護すべき情報資産ごとに取得し、通常、**表 8.3** に挙げられるようなシ

---

[4] 個人情報保護委員会の「個人情報保護法ガイドライン（通則編）」（https://www.ppc.go.jp/personalinfo/legal/guidelines_tsusoku/）では、これらに加え「組織的安全管理措置」として組織体制の整備や個人データの取扱いに係る規律に従った運用などを求めています。これらについては内部および外部の専門機関による監査で確認する場合があります。

ステム構成要素が取得検討対象になります。

表 8.3 取得検討対象のログ例

ドメイン	システム構成要素例	取得対象ログの例
アプリケーション	Web アプリケーション	・アプリケーションの動作状況を記録したログ ・アプリケーションへのアクセスを記録したログ
インフラストラクチャ	OS	・Linux の syslog や Windows のイベントログ等の OS 動作状況を記録したログ ・OS へのアクセスを記録したログ
	ネットワーク	・特定ネットワーク内で発生する通信をキャプチャしたログ ・ネットワーク機器（ファイアウォールやロードバランサー等）へのアクセスを記録したログ
	ミドルウェア	・データベースなどの動作状況を記録したログ ・データベースへのアクセスを記録したログ
サービス	クラウドサービス	・クラウドの提供するサービスやリソースへのアクセスを記録したログ

　なお、このようなさまざまなログを一元管理／解析し、異常があればアラートを飛ばすよう設定できる製品やサービスが提供されています。これは一般的に SIEM（Security Information and Event Management）と呼ばれています。本章ではこのあと、AWS の提供するリソースの操作ログである CloudTrail を取り上げますが、AWS のリソース以外のログ（例えば端末の操作ログなど）についても同様に考慮が必要であることに注意してください。

● 検知の方法

　ログの収集による可能な異常なアクティビティの検知方法として次のようなものがあります。それぞれの特徴と短所についても説明します。

● シグネチャによる検知
　侵入検知／防御システムである IDS（Intrusion Detection System）／ IPS（Intrusion Prevention System）や WAF などでは、シグネチャを用いることが一般的です。シグネチャは「署名」という意味ですが、セキュリティ対策の文脈では「さまざまな攻撃を識別するための特徴的なパターン」を表します。このシグネチャとアクセスパターンのマッチングにより攻撃を検知します。先のセキュリティ製品はこれらのシグネチャを保持し、更新しながら攻撃に備えます。
　シグネチャによる検知は既知の攻撃に対応できる一方、標的型攻撃や APT

(Advanced Persistent Threat) [5] でよく見られるゼロデイ攻撃 [6] に対する限界が指摘されています。

アノマリ型の検知

また、アノマリ型と呼ばれる検知方法もあります。これは通常のアクセスパターンとは異なるものを異常として検知する方法です。ただし、これは誤検知の可能性が常にあるため、チューニングが必要となります。

「異常」の例としては、「システムの運用者に与えられている権限の範囲を超える操作の試行」、「通常とは異なる操作パターン」などがあります。例えば、

- 権限がないにもかかわらず機密度の高いデータへの参照が繰り返される
- 社内の環境とは異なるブラウザ／端末からのログイン

などが考えられます。

> ### Column 内部統制とログ
>
> ログの取得は、企業における内部統制の観点からも必要とされます。これまでに企業内部の人間による不正な財務報告や製造過程における品質テストのデータ改竄、情報漏洩インシデントなどが起き、そのたびにメディアを騒がせてきました。企業ではひとたび不祥事が起これば、信用やブランドの毀損となり、損害賠償から会社の消滅に至るまで大きなリスクを被ることになります。このような不正は、「不正のトライアングル」と呼ばれる3つの要因「動機」、「機会」、「正当化」が重なることにより、発生する可能性がより高まります（米国の犯罪学者ドナルド・レイ・クレッシーが犯罪調査を通じて不正行為の原因として導き出した3つの要素を元に、会計学者のW・スティーブ・アルブレヒトが体系化したものとされています）。
>
> これまで見てきた「識別」におけるリスクの評価と管理策、「防御」において取り上げた予防的統制による「機会」の低減、「検知」における発見的統制により、不正を防止／発見できる可能性を高められます。
>
> ログの取得は、そうした管理策を周知することで不正のトライアングルの「動機」を抑え込むことにつながります。

8

---

[5] 「高度で継続的な脅威」の略で、特定の組織や個人をターゲットに複数の手法を用いて継続的に行なわれる攻撃
[6] 発見されたセキュリティ脆弱性に対し、対策が施される前に即座に実施される攻撃

■ AWS におけるログの取得

AWS から提供されるサービスとリソースの操作については、ほぼすべての操作が API による呼び出しになります。AWS では、API の呼び出しに関するロギングを行う AWS CloudTrail を提供しています（図 8.3）。

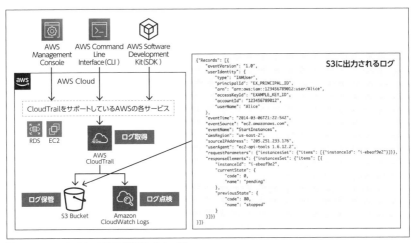

図 8.3　CloudTrail によるログ取得イメージ

CloudTrail では、ログの要素として重要な 4W1H（Who/When/Where/What/How）に関する項目が JSON 形式で出力されます。

Who：API を呼び出した身元
When：API を呼び出した時間
Where：API 呼び出し元のソース IP
What：API の操作対象となる AWS リソース
How：呼び出された API

CloudTrail のサービスではログの保存期間は 90 日間となるため、90 日以上の保存期間が必要な場合、S3 への保存設定が必要です（図 8.4）。

そのほか、WAF（Web Application Firewall）など、個々の AWS のサービスで独自のログ取得機能を用意している場合があります。それらのログについても利用状況に応じて取得を検討します。

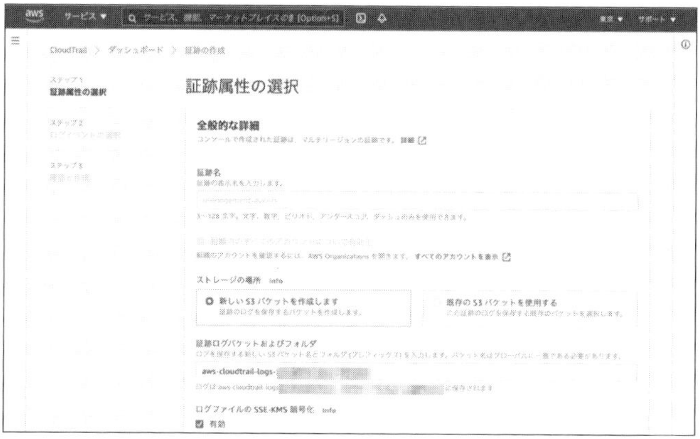

図 8.4　CloudTrail 設定画面

8.4.3　セキュリティ対策の有効性検証

　各情報資産のセキュリティ対策の状況については、それぞれのセキュリティ対策製品やサービスによって確認する手段が用意されていると考えられます。例えば、ウイルス対策製品のウィルスパターンファイルの適用状況は、製品のコンソールから確認できるのが一般的です。

　ここでクラウド環境のセキュリティ対策状況把握とタイミングについて触れておきます。オンプレミス環境と異なり、クラウドはインターネットからの利用を前提としてサービスが提供されてきました。オンプレミスでは本番環境のリリース後から監視の運用を始めることが多いのですが、クラウドでは利用者の設定次第で、システム運用開始前に悪意の第三者による脅威に晒される可能性があります。ソースコードに IAM のアクセスキーを埋め込んで GitHub のレポジトリにアップロードしたことで不正アクセスを招いてしまった例が報告されています。

■ セキュリティ管理策を検証するための AWS のサービス

　このように、クラウドでは利用の開始時点から保護対象の環境のセキュリティ管理策の状況を監視していく必要があります。このために手軽に利用できる AWS のサービスとしては、第 5 章「AWS の利用を開始する際のセキュリティ」でも紹介した AWS Trusted Advisor があります。

　Trusted Advisor は AWS アカウント開設時から有効化されているサービスです。例えば、S3 バケットのパブリック公開やファイアウォールに該当するセキュリティグループのルールが無制限のアクセスを許可していないかチェックするこ

とができます。

　また、AWS Config も有用なサービスです。Config は AWS リソースの設定を継続的に記録し、記録された設定と望まれる設定との乖離状況を自動的に評価する機能を提供しています（図 8.5）。

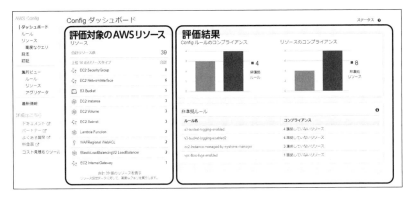

図 8.5　Config によるセキュリティ対策評価結果

　このような評価を行うルールは Config Rule と呼ばれ、AWS から提供されるマネージドルールと AWS カスタマーが独自に作成できるカスタムルールに分類されます（図 8.6）。

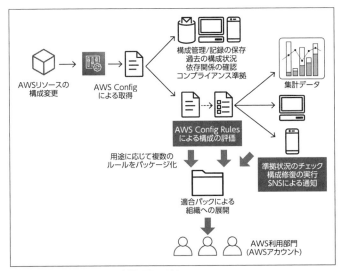

図 8.6　Config によるセキュリティ対策評価の流れ

　複数のマネージドルールと評価結果に基づいて、セキュリティ設定を自動修復するためのアクションをまとめた Config 適合パック（Conformance Pack）も用意されています。また、AWS Security Hub では Config と連携して AWS のセキュリティベストプラクティスとなる設定の有無を簡易にチェックできる機能が提供されています。

Column　ベストプラクティスの活用

　クラウド環境におけるセキュリティ対策は一から検討していかなければいけないのでしょうか。いえ、そうではありません。リスクアセスメントにおけるベースラインアプローチ（P. 82）でも紹介したように、さまざまな団体が検討した知見を活用できます。

　そのようなベストプラクティスのひとつに米国の CIS（Center for Internet Security）が策定した CIS Controls（`https://www.sans-japan.jp/cis_controls`）があります。CIS Controls は、さまざまなセキュリティ基準があるなか、「最初に最低限行わなければならないこと」を簡素に記載することを目的としています。

　AWS では、CIS Controls に基づいた AWS 固有のセキュリティ基準を自動的にチェックする CIS AWS Foundations Benchmark を提供しています。AWS のユーザーガイド（`https://docs.aws.amazon.com/ja_jp/securityhub/latest/userguide/securityhub-standards-cis.html`）には、次のカテゴリごとにベストプラクティスに沿った設定のチェック対象と設定方法が記載されています。

- ID とアクセス管理
- ストレージ
- ロギング
- モニタリング
- ネットワーク

8

　このベンチマークは基準が明確で、確認方法とともに設定が具体的に記載されていることが特徴です。SecurityHub や Audit Manager では、ベンチマークの内容に基づいて AWS アカウント内の設定を点検できます。また、CSPM（Cloud Security Posture Management）と呼ばれる複数のクラウド事業者のサービスを対象としたセキュリティ設定のモニタリング製品も各社より提供されています。

8.5 ログの保管

以降では、ログの分析を中心とした、検知の具体的な仕組みを見ていくこととします。まずはログの安全な保管について考えてみましょう。

サイバー攻撃では攻撃者がその痕跡を消すためにログを削除し、被害の実態が分からなくなってしまう場合があります。そのため、異常なアクティビティの監視や調査で活用するログには「完全性」が求められます。完全性とは、情報が破壊や改竄されていない状態を示します。

ログを適切に保護するには次の検討が有効です。

- ログの転送と集約
- ログ保管箇所（アクセス制御と改竄有無の確認）
- WORM 機能を保有したストレージ媒体への保管

8.5.1 ログの転送と集約

オンプレミス環境でも Syslog プロトコルを利用して各サーバーに出力されたログを Syslog サーバーに転送して集約する運用が行われていました。これはログを一元的に管理して分析や検知に用いる目的のほか、各サーバー内のログが改竄された場合でも Syslog サーバーのログの完全性を保つ意図がありました。このような思想と手段はクラウド環境にも適用できます。まず、「検知」のためには必要なログが各システムから漏れなく送られるようにする必要があります。順に見ていきましょう。8.4.2「異常なアクティビティの監視」の表 8.3（P. 150）では、取得検討対象のログのドメインについて次のような分類がされていました。

アプリケーション：Web アプリケーション
インフラストラクチャ：OS ／ネットワーク／ミドルウェア
サービス：クラウドサービス

ログと一口に言っても、その種類はさまざまであり、収集の仕方も異なります。それらを踏まえて、それぞれのドメインを考慮してログを取得する手段を確認します（図 8.7）。

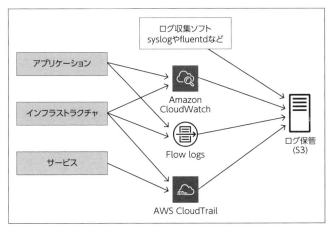

図 8.7　ログとドメインのルーティング

● ログ送信方法の検討

　AWS では各ドメインでログを容易に送信できる仕組みが用意されています。サービスドメインのログはおもに CloudTrail で証跡を保管できます。CloudWatch では、いろいろな AWS サービスでログが一元管理できるよう設計されており、ECS（Elastic Container Service）や Fargate などのコンテナ環境のログも標準で出力できるようになっています。

　アプリケーションやインフラストラクチャのドメインでは、独自にログを保管する方法や、AWS のサービスを使って管理を一元化する方法が考えられます。実装方法は、次の「対応／復旧」での作業の利便性を考慮して判断することになります。

　例えば、EC2 インスタンスへ CloudWatch エージェントをインストールすると[7]、/var/log/secure や /var/log/message などのログを簡単に Cloud Watch に転送でき[8]、手軽に検索したり、S3 に保存することができます。

　なお、ネットワークのトラフィックログに関しては、VPC フローログや VPC トラフィックミラーリングの機能があり、特別な機器を用意することなく取得できるようになっています。

8

---

[7]https://docs.aws.amazon.com/ja_jp/AmazonCloudWatch/latest/monitoring/
install-CloudWatch-Agent-on-EC2-Instance.html

[8]https://docs.aws.amazon.com/ja_jp/AmazonCloudWatch/latest/monitoring/
CloudWatch-Agent-common-scenarios.html

● マルチアカウント環境におけるログ集約

　現在、企業内におけるAWSクラウド利用において、単一のAWSアカウント内にさまざまなシステムを構成する運用は少なくなってきています。システムごと、さらに開発や本番運用などの用途ごとに個別のAWSアカウントを割り当てる運用が増えており、AWSもマルチアカウント運用のベストプラクティス[9]を提示しています。

　ベストプラクティスには、ログ集約用のアカウントを用意する内容が含まれています。これは、各AWSアカウントで収集されたCloudTrailのログを特定のAWSアカウントのS3バケットに集めるよう構成するものです（図8.8）。

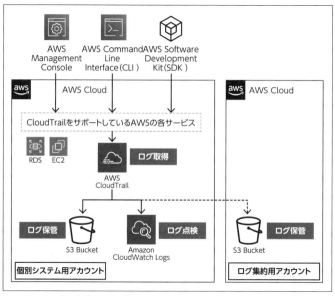

図8.8　CloudTrailログの集約イメージ

　このベストプラクティスはCloudTrailのログを集約して管理しやすくするだけでなく、個々のAWSアカウント内で不正な操作により改竄されないようにする目的があります。

---

[9]「AWSマルチアカウント管理を実現するベストプラクティスとは？」（https://aws.amazon.com/jp/builders-flash/202007/multi-accounts-best-practice/）

8.5.2 ログ保管箇所の検討

　ログの保管にあたっては、ストレージの故障によりデータが消失したりしないことが重要になります。また長期間にわたりログを保存することから、ストレージのコストについても注意する必要があります。

■ S3 によるログ保管

　S3 は、ログ保管に適したストレージサービスです。99.999999999％ の高い耐久性を備えており、アクセス頻度の少ないファイル（＝古いログ）を低コストの保存領域（S3 Glacier）に自動移動する機能なども備えています[10]。

■ アクセス制御と改竄有無の確認

　ログを転送したとしてもログの保管箇所のアクセス制御がきちんと実施されていない場合、ログの改竄が行われる可能性が生じます。そのため、監査目的で保管するログは最小限のアクセス者に限定し、改竄が行われていないかを確認する必要があります。CloudTrail には「ログファイルの整合性の検証」機能が提供されており、CloudTrail が配信されたあとでログファイルが変更または削除されなかったかどうかを判断できます。

　ログファイルの整合性の検証を有効にすると、CloudTrail は配信するすべてのログファイルに対してハッシュを作成します。また、1 時間ごとに、過去 1 時間のログファイルを参照し、それぞれのハッシュを含むファイルを作成して配信します。このファイルを利用することで改竄の有無が確認可能です。

8.5.3 WORM による保護

　WORM（Write Once Read Many）とは、書き込みは初回のみ可能で、読み取りは何度でもできるデータ保存の形態を指しています。S3 では、WORM モデルを使用してオブジェクトを保存するオブジェクトロック機能が提供されています。この機能を利用すると、オブジェクトが一定期間または無期限に削除／書きされることを防止できます。

　同機能が提供するコンプライアンスモードでは、AWS アカウントのルートユーザーを含め、ユーザーが、保護されたオブジェクトのバージョンを上書きまたは

---

[10]「Amazon S3 ライフサイクルを使用したオブジェクトの移行」（`https://docs.aws.amazon.com/ja_jp/AmazonS3/latest/userguide/lifecycle-transition-general-considerations.html`）

削除することはできません。

8.6 ログの分析とアラートの出力

　セキュリティ観点における異常なアクティビティの検知は、ユーザー自身がコンソールを操作して継続的に監視を行うような運用を避け、システム自身に自動的に異常を検知させる仕組みを考える必要があります。そうした検知の自動化のアプローチとして、収集されたログの中で特定の語句や値を検索しマッチした場合にアラートを出力する方法があります。ログはログを発生させるサービス／機能によって形式が異なります。ログ分析の仕組みではさまざまな種類のログに対応し、それらを一括して検索してパターンを発見できることが求められます。

8.6.1 ログのパターンマッチング

　AWS では CloudTrail が収集したログを JSON 形式で CloudWatch Logs に転送できます。CloudWatch Logs は、各種リソースを監視する CloudWatch の機能のひとつで、収集されたログデータに対して「メトリクスフィルター」と呼ばれる特定の語句やパターンとのマッチングルールを定義し、ログイベントを監視することが可能です。その際、単位時間あたりの一致したパターン数によりアラートを出力することになります（図 8.9）。

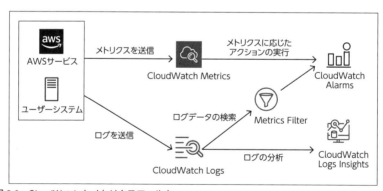

図 8.9　CloudWatch とメトリクスフィルター

　このメトリクスフィルターを利用し、攻撃ツリーに基づいたマッチングルール（CloudWatch では「フィルターパターン」と呼びます）を作成します。CloudWatch のユーザーガイドでは、CloudTrail を対象としたメトリクスフィルター

として次に挙げるイベントの検知ルールの例を挙げています[11]。

- セキュリティグループの設定の変更
- コンソールへのサインインの失敗
- IAM ポリシーの変更
- ルートの使用を監視する
- 多要素認証（MFA）を使用していない API アクティビティを監視する
- 多要素認証（MFA）を使用していないコンソールサインインを監視する

具体的なメトリクスフィルターの設定画面は図 8.10 のようになります。

図 8.10　CloudWatch Logs メトリクスフィルター設定画面

また、前述の CIS ベンチマークでも表 8.4 に挙げるモニタリング項目について
フィルターパターンが紹介されています。

このように提供されているフィルターパターンのサンプル以外に、事前に検討
した攻撃シナリオの攻撃ツリーに基づいて自らフィルターパターンを作成するこ
とも可能です。

8

[11]「CloudTrail イベントの CloudWatch アラームの作成: 例」(https://docs.aws.amazon.
com/ja_jp/awscloudtrail/latest/userguide/cloudwatch-alarms-for-cloudtrail.
html)

表 8.4　CIS AWS Foundations Benchmark 1.4 で取り上げられているモニタリング項目

- 認められていない API コールに対するログメトリクスフィルターとアラームの設定
- MFA を利用しないマネージメントコンソールへのアクセスに対するログメトリクスフィルターとアラームの設定
- root アカウントの利用に対するログメトリクスフィルターとアラームの設定
- IAM ポリシーの変更に対するログメトリクスフィルターとアラームの設定
- CloudTrail の設定変更に対するログメトリクスフィルターとアラームの設定
- AWS のマネージメントコンソールへの認証失敗に対するログメトリクスフィルターとアラームの設定
- KMS での CMK（Customer Master Key）の無効化ないしはスケジュールされた削除に対するログメトリクスフィルターとアラームの設定
- S3 のバケットポリシーの変更に対するログメトリクスフィルターとアラームの設定
- AWS Config の設定変更に対するログメトリクスフィルターとアラームの設定
- セキュリティグループの変更に対するログメトリクスフィルターとアラームの設定
- ネットワーク ACL の変更に対するログメトリクスフィルターとアラームの設定
- ネットワークのゲートウェイの変更に対するログメトリクスフィルターとアラームの設定
- ルートテーブルの変更に対するログメトリクスフィルターとアラームの設定
- VPC の変更に対するログメトリクスフィルターとアラームの設定
- AWS Organizations の変更に対するログメトリクスフィルターとアラームの設定

8.6.2　パターンの効率的な運用

　このようにマッチングルールを個別に作成することは可能ですが、攻撃ツリーをすべてルール化することは多くのワークロードを割かれることでしょう。そこで、基本的には防御対策でカバーできない範囲の異常なアクティビティの検知に限定し、前述のサンプルなどを活用して各攻撃ツリーに共通するアクティビティを抽出してルールを作成することが現実的です。

　なお、CloudWatch では、フィルターパターンを使った自動検知だけではなく、CloudWatch Logs に送信されたログデータをインタラクティブに検索して分析することができる CloudWatch Logs Insights 機能が提供されています（図 8.11）。

　専用のクエリ言語とサンプルクエリ、クエリの自動補完、ログフィールドの検出機能があり、脅威をアドホックに検索する場合や、フィルターパターンの開発に役立つ機能です。

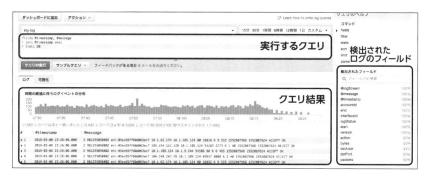

図 8.11　CloudWatch Logs Insights

8.7　脅威インテリジェンスの活用

　前項では攻撃ツリーから異常なアクティビティを検知するための監視ロジックを作成するための流れを確認しました。しかしながら、すべての攻撃ツリーを洗い出し、監視ロジックを作成することは非現実的です。セキュリティにそれほど時間や人を投資できない場合もあるでしょう。そのような課題への対応策として、脅威インテリジェンスの活用が有効です。

　AWS では情報システムにおける異常なアクティビティの監視をサポートするサービスとして、GuardDuty や Detective を提供しています。

8.7.1　GuardDuty

　Amazon GuardDuty は、AWS アカウント内で出力される各種ログを通して、AWS 環境内のネットワークアクティビティおよびデータアクセスパターン、アカウント動作を継続的に監視します。また、EC2 インスタンスにアタッチされている EBS ボリュームを対象にマルウェアをスキャンします。ソフトウェアやハードウェアをデプロイしたり維持したりする必要はありません。ログとしては、CloudTrail ログ、VPC フローログ、DNS ログ、Kubernetes 監査ログ、および DNS ログを継続的に監視および分析します（図 8.12）。

　脅威の特定にあたっては、AWS やサイバーセキュリティ企業である CrowdStrike 社／ Proofpoint 社の最新の脅威インテリジェンスが活用されています。

　脅威インテリジェンスとは、一般的にサイバー攻撃に関するさまざまな情報を総合的に分析し、次に実施すべきセキュリティ対策の判断材料になるものを指します。脅威インテリジェンスを活用しながら AWS 独自の機械学習を用いて、異常な API アクティビティ、VPC 内のポートスキャンなどの偵察活動、暗号通貨

8

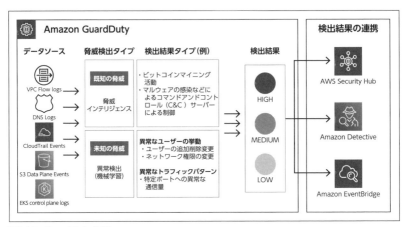

図 8.12　GuardDuty 概要

マイニングなどのインスタンスの侵害、CloudTrail の無効化などのアカウント
の侵害、S3 バケットの侵害などを **Findings**（検出結果）として出力します。

8.7.2 **Findings と重大度**

GuardDuty が Findings として検出する対象の AWS サービスは、2022 年 12
月現在、EC2、S3 バケット、IAM、Kubernetes の 4 種類[12] です（表 8.5）。

表 8.5　GuardDuty の検知対象となる AWS リソース

対象サービス	Findings として検出される内容例	対象リソース表示内容例
EC2	・EC2 インスタンスが不審な活動のターゲットである ・EC2 インスタンスが不審な活動を行っている	EC2 インスタンス ID
S3 バケット	・不審な送信元からアクセスされている ・不審な Read/Write、権限変更が発生している ・Public 公開設定が変更されている	S3 バケット名
IAM	・不審な活動（API 呼び出し）を実施している ・不審な公開元から API を呼び出している	IAM エンティティ名 IAM アクセスキー

GuardDuty はほかのサービスとの棲みわけが話題になりますが、Web サイト
への攻撃などは検知対象にはなりません[13]。こうした脅威に対しては、WAF な

---

[12] Malware Protection の対象を除く

[13] 「検出結果タイプ」(https://docs.aws.amazon.com/ja_jp/guardduty/latest/ug/
guardduty_finding-types-active.html)

どを利用する必要があります。

GuardDuty の Findings が発生した場合、「重大度」と「検索結果タイプ」を
確認します（図 8.13）。

Findings ⟳				Showing 63 of 63	15 30 18
					重大度
Actions ▾	🗂 Suppress Findings		Saved rules	No saved rules	
Current ▾	🔽 Add filter criteria				
▢ ▼	Finding type ▼	Resource ▼	Last seen ▼	Count ▼	
▢ ◯	[SAMPLE] UnauthorizedAccess:S3/TorIPCaller	S3 Bucket: bucketName	20 minutes ago	1	
▢ ◯	[SAMPLE] UnauthorizedAccess:S3/MaliciousIPCaller.Custom	S3 Bucket: bucketName	20 minutes ago	1	
▢ ◯	[SAMPLE] PenTest:S3/PentooLinux	S3 Bucket: bucketName	20 minutes ago	1	
▢ ◯	[SAMPLE] PenTest:S3/ParrotLinux	S3 Bucket: bucketName	20 minutes ago	1	
▢ ◯	[SAMPLE] PenTest:S3/KaliLinux	S3 Bucket: bucketName	20 minutes ago	1	
▢ ◯	[SAMPLE] Discovery:S3/TorIPCaller	S3 Bucket: bucketName	20 minutes ago	1	
▢ ◯	[SAMPLE] Discovery:S3/MaliciousIPCaller.Custom	S3 Bucket: bucketName	20 minutes ago	1	

図 8.13　GuardDuty の Findings 一覧

GuardDuty では、Findings に対して 3 つの重大度（低／中／高）を設定し、
潜在的な脅威への管理策の優先順位を付けやすくしています。

低（青）：疑わしいアクティビティや悪意のあるアクティビティのうち、リ
ソースが侵害される前にブロックされたもの
中（オレンジ）：通常観察される動作から逸脱したアクティビティなど
高（赤）：対象のリソース（EC2 インスタンスや IAM ユーザー資格情報な
ど）が侵害され、不正な目的で活発に使用されている状態

「検索結果タイプ」からは何が検知されたかを把握することができます。「リソー
スタイプ」を確認します（図 8.14）。

図 8.14　検索結果タイプの一例

脅威の例としては次のようなものがあります。

Backdoor:EC2/DenialOfService.Tcp：EC2 が TCP で DoS を実行して

8

いる

`Discovery:S3/MaliciousIPCaller.Custom`：S3 の探索系 API がカスタム脅威リストの IP から呼ばれた

`CryptoCurrency:EC2/BitcoinTool.B!DNS`：EC2 が BitcoinTool が通信するドメインと通信のために DNS クエリを行なった

脅威の検出結果は GuardDuty の AWS マネジメントコンソールに表示されるとともに、後述の Security Hub や S3 バケットにエクスポートすることが可能です。また EventBridge と連携でき、脅威の検出イベントをトリガーに重大度別にアラートを通知することも可能です。

8.7.3 検出結果の詳細な調査に有効な Detective

GuardDuty は Findings として出力されたイベント情報を表示することはできますが、そのイベントの頻度やイベント前後のアクセス等の詳細な調査には Amazon Detective の利用が有効です。

Detective は、GuardDuty や Security Hub などの AWS セキュリティサービスや AWS パートナーのセキュリティ製品と統合されており、特定された潜在的な脅威の検出結果をすばやく調べることができます。例えば、GuardDuty の操作画面から Detective に移動し、調査結果に関連するイベントを確認し、関連する操作履歴にアクセスして問題を調査することができます（図 8.15）。

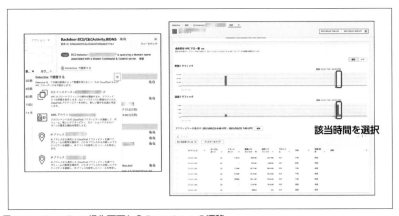

図 8.15　GuardDuty 操作画面から Detective への遷移

8.8 監視結果の集約

　セキュリティ監視にはさまざまな対象があり、監視を実現するツールやサービスもさまざまです。その監視結果をツールやサービスごとに切り替えて確認することは煩雑な作業になります。このような課題に対し、複数のAWSのセキュリティサービスによる監視結果を集約し、包括的に確認できる、AWS Security Hubが提供されています。

　図8.16のように、Security HubではGuardDutyやInspector、IAM Access Analyzer、Macieなどによる潜在的な脅威の検出結果を一元的に集約できます。

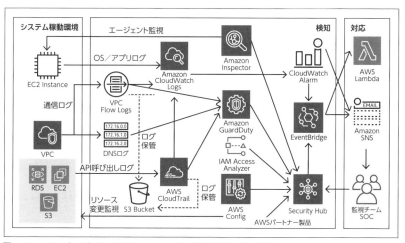

図8.16　AWSクラウドにおけるセキュリティ検知の実現例（再掲）

　Security Hubに取り込まれた検出結果は重大度が設定されるとともに、AWS Security Finding形式（ASFF）と呼ばれるフォーマットで正規化が行われます。ここで言う「正規化」とは複数の検出結果で同じ意味を持ちつつも異なったフィールド名だった場合に、1つの同じフィールド名にマッピングすることです。これによりさまざまな出力結果を取り込んで表示できるようになります（図8.17）。

　集約したセキュリティ検出結果について根本原因を特定したいときには、Security Hubの検出結果の詳細からDetective管理画面へシームレスに遷移することも可能です。

　検出結果において、特定の観点の事象に絞り込んで表示する機能として「インサイト」機能が提供されています。インサイトは、AWS側であらかじめ用意されているものを活用できます。例えば、パブリック書き込みまたは読み取りアク

8

図 8.17　Security Hub に Macie の検出結果を取り込んだ際の画面

セス許可を含む S3 バケットというインサイトが用意されているほか、独自のインサイトを作成することも可能です。

　Security Hub は複数の AWS アカウントを運用する環境において、管理者アカウント／メンバーアカウントの関係を作り、管理者アカウントの Security Hub 上でメンバーアカウントの検出結果を確認／操作できるため、セキュリティ検知と対応について、まさにハブ的な位置付けで活用できます。

8.9　監視結果の通知

　セキュリティ観点の監視結果は、その内容を評価するためにしかるべき対応者に通知することが必要です。

8.9.1　通知先の策定

　通知先としては該当する情報システムのオーナーのほか、組織におけるセキュリティインシデント対応の体制がある場合には SOC（Security Operation Center）が候補となります（図 8.18）。

　SOC は、セキュリティ検知内容を定常的に監視し、起きた事象を分析し、脅威となるセキュリティインシデントの発見や特定、関係者への連絡を行う組織を指します。

　また、同時に語られることの多い組織として CSIRT（Computer Security Incident Response Team）[14] があります。CSIRT は、インシデントが発生

---

[14] 2022 年 12 月現在、国内の 474 の CSIRT が加盟する日本シーサート協議会（https://www.nca.gr.jp/）では、インシデント関連情報／脆弱性情報／攻撃予兆情報を常に収集／分析し、対応方針や手順の策定などの活動をするとしています。

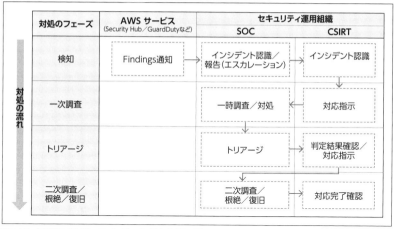

図 8.18　組織におけるインシデント対応体制の例

したときの対応／復旧に特化した役割を担い、両組織はお互いに連携することになります。具体的なインシデント対応（インシデントレスポンスと呼ばれます）の内容については次章で紹介します。

8.9.2　通知先の振り分けと自動修復

Config のルール準拠状況の確認結果や GuardDuty の Findings などは、イベントが発生したタイミングで、メッセージ送信サービスである Amazon SNS（Simple Notification Service）などと連携させることで通知が可能になります（図 8.16 を参照）。

また、SNS とイベントバスサービスである EventBridge を連携させると、イベントのパターンに応じた通知が可能です。メールのほか AWS Chatbot を利用した Slack への通知なども可能です。サーバーレスのプログラムコード実行サービスである AWS Lambda との連携も可能であり、検知されたセキュリティ設定の不備について API を利用した自動修復を実現することも可能になります。

従来、検知された事項に対しては、人手による対応が主流であり運用の負荷が問題となっていました。このような自動修復はクラウドを使うからこそ得られるセキュリティのメリットと言えるでしょう。次章では、このような検知を受けたあとの対応について確認していきます。

8

□   □   □

　ここまで、セキュリティ上の脅威検知について、検討事項の概観や有用なサービスを多岐にわたって確認してきました。特に脅威検知の対象を異常なアクティビティと情報資産に対するセキュリティ対策の不備に分類し、管理策を検討してきました。

　冒頭にも記載したとおり、近年、セキュリティ対策を予防的な観点だけで実施することは限界を迎えています。予防的な対策を厳密にするあまり、対策が運用上の妨げやクラウド利用のブロッカーにならないよう、検知による対策も活用することが求められています。

第9章
AWSで
対応／復旧を始める

　この章では「対応」と「復旧」について扱っていきます。前章の検知の段階で
見てきたセキュリティの侵害などのイベントを**セキュリティインシデント**と呼び
ますが、インシデントに「対応」し、システムを正常な状態に「復旧」していく
活動が**インシデントレスポンス**です。ここでは、AWSのサービスの利用を例に
インシデントレスポンス体制の整備について説明していきます。

9.1　インシデントレスポンス

　あなたがある会社のIT管理者だったとして、ある日、端末がマルウェア（ウイ
ルス）に感染していることを検知したら、どのようなことを考えるでしょう。マ
ルウェアが「どうやって感染したのか？」、「いつから感染していたのか？」そし
てなにより「情報が盗まれたり、削除されたりしていなかったか」ということが
思い浮かぶはずです。また、端末にまだマルウェアが潜んでいる可能性や、業務
を続けるために元の状態に戻す方法など、これから実際に対処しなければならな
いことも頭に浮かんできます。
　インシデントレスポンスは、これらの疑問に答え、被害の範囲や程度を明確に
し、必要があれば問題を解決して復旧を図る活動です。
　具体的なイメージを持つために、まずは自身がセキュリティ担当者だった場合
のインシデントレスポンスの例を考えてみましょう。

9.1.1　あるインシデントレスポンスの例

　ある日、となりの部門のシステム担当者から連絡がありました。AWS上で動
いているEC2インスタンス（Linux）のネットワーク設定（セキュリティグルー

プ）を間違えてしまい、3時間前からインターネットから SSH でアクセスできる
状態になっていたとのことです。担当者はいろいろ理由を話していますが、あなた
たは、これは「第三者が SSH で OS に不正ログインした可能性がある」インシデ
ントだと判断し、あらかじめ決められていた対応手順を元に調査を開始します。

まずは、Linux のセキュリティログ（/var/log/secure）が保存されるよう
に設定しておいた CloudWatch Logs を開き、次のクエリで SSH のアクセスロ
グを検索します。

```
'[Mon, day, timestamp, ip, id, msg1= Invalid, msg2 = user, ...]'
```

CloudWatch Logs からは図 9.1 のような結果が得られました。

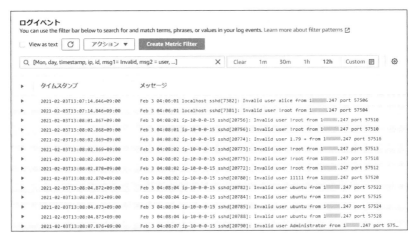

図 9.1 CloudWatch Logs の検索結果画面（ログイン試行）

この検索結果を見ると、大量の SSH ログイン試行が確認できます。第三者が
インターネットから接続できることを発見し、アクセスを試みたようです。ただ、
ほとんどは「Invalid user」と記載されているので、存在しないユーザーのロ
グインとしてブロックできているようです。

続いて、クエリを次のように修正し、SSH ログインに成功したログだけを検索
します。

```
'[Mon, day, timestamp, ip, id, msg1= Accepted, msg2 = password, ...]'
```

結果は図 9.2 のようになります。

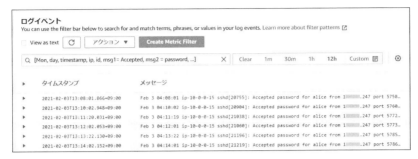

図 9.2　CloudWatch Logs の検索結果画面（ログイン成功）

「`Accepted password`」として数件表示されており、`alice`というユーザー名でこの時間帯にログインしているようです。あなたはこの結果を担当者に伝えるとともに、手順に従って復旧作業や被害状況の特定の作業に取り掛かります。

　このようにインシデントの影響などの調査を行い、問題があれば復旧を図ることが、インシデントレスポンスの大きな流れになります。

9.1.2　インシデントレスポンスへの準備

　インシデントレスポンスを行ううえで一番重要なことは、平常時に十分な準備をしておくことです。さきほどの例も、ログが保存済みでいつでも検索できる環境だったからこそ、すぐ調査を行うことができました。このように対応や環境の整備をしておくことが効率的で迅速な作業につながり、被害を最小限に抑えられます。AWS にはクラウドの対応力向上に役立つベストプラクティスを提供するCAF（Cloud Adoption Framework）[1] がありますが、この中でも CSF と同じくセキュリティの「対応」および「復旧」について触れられています。その中では、対応／復旧の準備として 5 つの考慮すべきポイントが挙げられています。

1. インシデントレスポンスのプロセスを整備しておく
2. 調査や分析のためにデータを保存しておく
3. フォレンジック[2] のための基盤を用意しておく
4. インシデントレスポンスの対応内容を自動化しておく
5. シミュレーションを行ってインシデントレスポンスの訓練をしておく

9

---

[1] https://aws.amazon.com/jp/professional-services/CAF/
[2] データを証拠保全のために収集し、そのデータを元に調査分析し証拠を見付ける技術／行為

組織としてインシデントレスポンスを実施する場合には、このようなさまざまな準備が必要になるという点を参考にしてください。一方、個人で AWS を利用する場合は、このポイントすべてを満たす準備をするのは難しいかもしれません。その場合は、プロセスの整備やデータの保存を中心に、実践可能な部分をピックアップして準備をしてみてください。

ここからは、上記の 5 つのポイントについて詳細を見ていくことにします。

9.2 プロセスの整備

インシデントレスポンスの準備をするためには、**プロセス**の整備が重要になります。プロセスというと難しく感じられるかもしれませんが、具体的には「どんなことが発生したら」、「何を」、「誰がする」といったことを考えておくことです（図 9.3）。

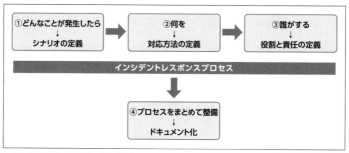

図 9.3　インシデントレスポンスプロセス

これらの検討の結果については、Runbook や障害対応手順書といったドキュメントのかたちで組織内で共有しておきます。インシデントレスポンスのプロセスを誰でも参照できるように整備しておくことで、突然インシデントが発生しても、担当者が冷静に対処できるようになります。

以降では、図 9.3 の 4 つの観点を軸に、プロセスの検討方法について説明していきます。

9.2.1 インシデントシナリオの定義

まずはプロセスの「どんなことが発生したら」の部分を考えていきましょう。これをより多く用意することができたら、そのぶん対応方法についても検討ができ、インシデントレスポンスへの準備がより整うことになります。

　では、どんな**シナリオ**（＝セキュリティ事故）が起こりうるでしょうか？ 具体的には、さきほどの例のような SSH による外部からの侵入もあるでしょうし、「顧客情報が漏洩している」といった連絡を突然受け取るかもしれません。AWS の脅威検知サービスからアラートが送られるケースや、AWS から不正利用の疑いを知らせるメールが届くケースもありえます。

● 識別した攻撃シナリオ／情報資産を活用する

　シナリオを考える際、第6章「リスクの特定とセキュリティ管理策の決定」で紹介したような攻撃シナリオが整備されていた場合は検討が容易です。あらかじめ検討された攻撃シナリオの延長線上で、対応プロセスを検討していくことになります。

　また、識別した情報資産の情報も活用できます。企業では情報資産の管理を行い、情報の重大度を定義していることも珍しくありません。例えば個人情報を扱っているシステムには、通常のセキュリティ対策に加えて追加の保護を実施しておくといった具合です。影響を受ける情報資産によってどのようなインシデントになりうるかという観点も、網羅性を高める方法のひとつとして利用できます。

● シナリオの洗い出し

　攻撃シナリオや情報資産の情報があれば、それらを元にインシデントのシナリオを確認し活用していきます。また、もともと検討材料となる情報がない場合は、現在のシステムの情報を対象にシナリオの洗い出しを行います。

　このような場合、思い付いたものを付箋紙に書いてジャンルごとに分類していく方法もありますが、思い付きだとどうしても内容が偏りがちです。そこで、いろいろな分類法を活用して、その観点ごとに想定されるインシデントについて検討します（図9.4）。

　いくつかの視点でシナリオを挙げていくことで、見落としや重複を防ぐことができます。以降では対応シナリオの検討を行う場合の代表的な分類法を紹介します。

● インシデントドメイン

　インシデントドメインは、インシデントの原因となる領域に着目した分類です。AWS のインシデントレスポンスガイド[3] では、クラウドでのセキュリティインシデントを3つのドメインで分類しています（表9.1）。

　「アプリケーション」は、サービスを提供しているプログラムやソフトウェア管理に関する部分です。ここでは、

---

[3] https://docs.aws.amazon.com/whitepapers/latest/aws-security-incident-response-guide/aws-security-incident-response-guide.pdf

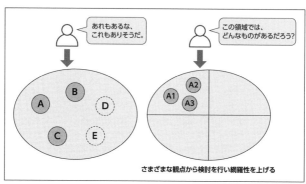

図 9.4　インシデントシナリオ定義のためのアプローチ

表 9.1　AWS のインシデントレスポンスガイドにおける 3 つのドメイン

ドメイン	説明
アプリケーション	アプリケーションコードやソフトウェアのデプロイに起因
インフラストラクチャ	EC2 インスタンスへの通信、EC2 インスタンス内のプロセスやデータの侵害など
サービス	AWS アカウント、IAM 権限、リソースメタデータへの侵害、不正利用の請求など

* プログラムの不具合によって別のユーザーの情報を表示してしまった
* プログラムのソースコードを誤って外部に公開してしまった

といったシナリオが考えられます。

「インフラストラクチャ」は、アプリケーションが稼働している OS レイヤーに関する部分です。

* 不要な通信ポートが誤って外部に公開されて侵入されてしまった
* 脆弱性を修正するパッチを適用しておらず OS が乗っ取られてしまった

などのケースが考えられるでしょう。S3 バケットの設定を間違えてインターネットに公開してしまうケースなどもこのドメインに含まれます。

「サービス」は、クラウドサービス利用時に特に検討すべき部分です。例えば、

* AWS の管理権限の設定やクレデンシャル情報の管理不備により、設定が変更されたり、データへ不正にアクセスされてしまった

といったことが挙げられます。このように各ドメインで起こりうるシナリオを考えていくことで、網羅性を高めることができます。

● セキュリティイベント指標

ほかにも、セキュリティインシデントを発生させるイベントに着目した分類があります。インシデントとして分類されないイベントもあるので完全ではありませんが、網羅性を高める方法のひとつとして活用できます。AWS のインシデントレスポンスガイドでは次のような指標が挙げられています。

- **ログ監視によるイベント検知**
  CloudTrail による AWS コンソールへのログイン監視や、GuardDuty などの AWS セキュリティ監視サービスによる通知イベントなどが該当します。

- **脅威インテリジェンス**
  IoC（侵害指標）などの情報を元にした通知イベントで、GuardDuty やサードパーティーの脅威インテリジェンスフィードとの相関イベントから発生したものになります。

- **セキュリティベンダー（パートナー）製品からのアラート**
  APN（AWS Partner Network）のパートナーで提供されるセキュリティ製品などからのアラートで、ネットワーク IPS（Intrusion Prevention System）や DLP（Data Loss Prevention）など、さまざまなセキュリティソリューションの通知イベントです。

- **AWS の請求アクティビティ**
  AWS の利用金額の急激な変化を検知します。

- **AWS からの不正使用連絡（Abuse Report）**
  ユーザー環境における悪質な行為を確認した場合に AWS サポートから送られるレポートです。

- **社内／社外からのセキュリティ事故の連絡**
  冒頭のインシデントの例（SSH 設定ミス）のような、メールや口頭による事故の連絡です。

このようにセキュリティイベントに応じたシナリオを検討して、さらに先のインシデントドメインによるシナリオなどとも照合し、重複を排除していきます。結果として、セキュリティ対応が必要なシナリオの一覧をまとめて、次の対策方法の検討に進むようにします。

9

Column 第三者の視点の活用

　セキュリティベンダーと業務契約がある場合は、ぜひ協力を得てインシデントのシナリオについてディスカッションしてみてくだい。セキュリティに詳しい第三者からのアドバイスが得られる場合なども、もちろん有効です。第三者の視点があることで、自分では気付かなかったシナリオが指摘されたり、シナリオを別の視点から検討することができます。

　第三者の視点は、**ジョハリの窓**（Johari Windows）という考え方を利用すると、「自分が把握できること」と「把握できていないこと」の分類が容易になり、意識の幅を広げられます。ジョハリの窓は「対人関係における気付きのグラフモデル」と呼ばれ、自分が考える自己と、他者が考える自分の情報を区分したものです（表 9.2）。

表 9.2　ジョハリの窓

	自分が知っている	自分は知らない
他人が知っている	明らか（Obvious）	盲点（Blind Spot）
他人は知らない	内部知識（Internally Known）	不明（Unknown）

　各領域を意識することで自分の認識の範囲を確認できます。例えば、同業他社でよく想定されているシナリオが考えられていなかったというケースは「盲点」に分類されます。逆に、考えていたシナリオが自社独自の要因に起因する場合は「内部知識」と考えられます。

　このモデルを意識することで、今まで気付かなかったシナリオを検討／分類しやすくなります。

9.2.2　対応方法の定義

　シナリオが用意できたら、次はシナリオごとに「何をする」の部分を検討していきます。この「何をする」の部分は、原因調査／影響調査／対応判断／復旧作業に分類できます。この 4 つのカテゴリは、インシデントレスポンスを行う際に基本となる対応順序でもあります。

　原因調査：アラートが発生した理由と、その正当性の評価を行う（誤検知の
　　可能性についても評価を行う）
　影響調査：対象のシステムやビジネスに対して、どのような影響があるか

　　対応判断：影響度合いを元に、どのような対応を行うか（復旧作業を行うタ
　　イミングの判断も定義する）
　　復旧作業：復旧を行うための手順（どの時点で復旧とみなすかの判断も定義
　　する）

　インシデントレスポンスにおける対応の定義の粒度はさまざまで、具体的な操
作を細かく規定する場合もあれば、対応策における基本的な目標を定義する場合
もあります。それらは組織の規模や運用方針、担当者や組織の構成により変わり
ますが、基本的にこの4つの要件を押さえて検討していくことになります。
　例として、前章の8.7節で紹介したGuardDuty（AWSの脅威検知サービス）
のアラートについて、対応方法を考えてみましょう。
　GuardDutyで検知する脅威には現在18種類[4]がありますが、大きく分類す
ると「悪意のあるアクティビティ」と「ベースラインとは異なるアクティビティ」
の2つカテゴリに分けることができます（表9.3）。

表 9.3　GuardDuty の検知タイプ（一部）

分類	結果タイプ	内容
悪意のあるアクティビティ	Backdoor	攻撃者によって侵害され、C&C サーバーに接続して命令を受けている
	Cryptocurrency	ビットコインなどの暗号通貨に関連したソフトウェアを検出
ベースラインとは異なるアクティビティ	Behavior	ベースラインとは異なるアクティビティやアクティビティパターンを検出
	Unauthorized Access	不審なアクティビティまたアクティビティパターンの検出

　この2つのカテゴリについて、対応方針を大まかに検討すると次のようになり
ます。

● 悪意のあるアクティビティ

- 対応方針：侵害された可能性があるため、まずシステムを調査する
  - 原因調査：対象システムにあるファイルやプロセスを確認
  - 影響調査：対象システムが処理するデータや提供サービスの内容などを確認
  - 対応判断：隔離とともに追加の証拠保全の必要があるか判定

9

---

[4] https://docs.aws.amazon.com/ja_jp/guardduty/latest/ug/guardduty_fin
ding-format.html

　　− 復旧作業：侵害の可能性よって対象システムの再構築を検討し、システムの復旧を行う

■ ベースラインとは異なるアクティビティ

- 対応方針：正常なアクティビティかを確認するため、操作ユーザーやシステムの特性（イベントなど）を確認し、侵害の有無を把握する
  − 原因調査：不審な行動をした対象（ユーザーなど）を特定し連絡、状況を確認
  − 影響調査：不審な行動が与えるシステムへの影響を調査（データへのアクセス範囲やコスト影響など）
  − 対応判断：正規の行動かどうかを判断
  − 復旧作業：不正な行動であれば調査した影響に基づき対応を実施（設定やデータの復旧など）[5]

　このように、シナリオの特徴に応じた基本的な対応方針を作っておくと、性質が同じシナリオでは同じ方針を適用できるので便利です。

9.2.3　担当者／アクセス権の定義

　検知された脅威への対応方針を検討していくと、「誰が」という部分も明確にする必要が生じてきます。例えば、

- 対応判断のフェーズでは「誰が」判断を行うのか
- 復旧作業のフェーズは「誰が」行うのか

のように、各フェーズごとにその対応を担う人物を検討し、その情報を追加していきます。

　大きな組織では、インシデントが発生したシステムの管理部門と、インシデントレスポンスを行う部門が異なるケースもあります。システム利用者への一斉通知や、各顧客に個別連絡／サポートを行う担当者を決めておく場合もあります。誰が何をするのかを決め、事前に周知しておくことで対応時の連携がスムーズになり、「自分のやることだと思っていなかった」といったミスの回避にもつながります。

　また、担当者が環境にアクセスする権限についても整理しておきます。例えば、システムの管理部門とインシデントレスポンスの担当部門が異なる場合、インシ

---

[5] ユーザーの乗っ取りが確認された場合は、「悪性のアクティビティ」として対応を継続することもあります。

デント調査の担当者はインシデント発生環境のログや調査のための環境などにアクセスできる必要があります。

　IAM の管理ポリシーには職務／役割に応じてアクセス権をまとめたものが用意されています[6]。インシデントレスポンス関連では「SecurityAudit」というものがあり（図 9.5）、セキュリティ監査や調査の職務として、ログやイベントにアクセスするためのアクセス権が設定されています。

図 9.5　セキュリティ監査職務用の IAM 管理ポリシー SecurityAudit

　AWS ではこのポリシーをあらかじめ調査担当者に付与しておくことを推奨しています。

9.2.4　プロセスを Runbook として整備する

　Runbook は、ここまで検討してきたようなインシデントレスポンスの手順を、シナリオごとにまとめた文書です。ここまで検討してきた、「どんなことが発生したら」、「何を」、「誰がする」を最終的に文書のかたちでとりまとめ、共有します。
　文書作成となると敷居が高く感じられるかもしれませんが、文書として残しておくことでインシデント対応時にすぐ参照でき、人員異動が多い部署でもインシデントへの準備を維持できるメリットもあります。セキュリティ意識の高い企業ではよく実践されている手法ですので、プロセスを策定する際には Runbook の作成を検討してみてください。
　Runbook の体裁は企業の文化によってさまざまで、とくに決まったものはあ

---

[6] https://docs.aws.amazon.com/ja_jp/IAM/latest/UserGuide/access_policies_job-functions.html

りません。紙に印刷されてファイリングされていたり、社内のファイルサーバー
にデータとしてまとめられている場合もあります。また、資料の位置付けも、セ
キュリティ関連としてまとめて保管されるケース、システムごとに保管されるケー
スなどさまざまです（図9.6）。

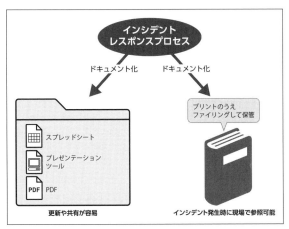

図 9.6 社内資料として用意された Runbook

　Runbook に記載する項目は、大まかな対応方針のみ記載したもの、対応手順
や復旧判断の基準を追加したもの、対象システムが扱う情報を記載したものなど、
組織や対応者に応じて検討します。

Column Playbook と障害対応手順書

　Runbook と似た文書として、**Playbook** や **障害対応手順書** があります。
名称は企業によってさまざまですが、Playbook はインシデントレスポンス
の具体的な手順を記した文書で「操作マニュアル」に近いイメージのものが
多いようです。対象システムに精通していないチームメンバーに対して用意
しておくことで、原因を特定するための情報収集や影響の封じ込めのための
ガイダンスを提供します。
　障害対応手順書は、ハードウェアの故障からデータセンターの被災など、
さまざまなトラブルに対応する用途で作成されるものです。この中には、こ
の章で扱っているセキュリティ視点の確認事項や対応手順が併せて記載され
ている場合もあります。

　Runbook でよく記載されている項目は表 9.4 のようなものです。この項目には「攻撃の詳細」として「セキュリティイベント指標」（P. 177）で紹介した内容や、「対応手順」として 9.2.2「対応方法の定義」（P. 178）で解説した 4 つのカテゴリも含まれています。

表 9.4　RunBook ででよく記載される項目例

項目	内容
インシデントの概要	攻撃シナリオの端的な表現
攻撃の詳細	攻撃の具体的な情報や、対応のトリガーとなる情報など
対応手順	原因調査、影響調査、対応判断、復旧作業の手順の概要
重大度	インシデントの重大度（影響調査の結果により定義する場合もある）
連絡手順	連絡先の情報や、経営層へのエスカレーションのタイミングなど

　Runbook の一例を図 9.7 に紹介します。あるシステム（ABC システム）に対するインシデントレスポンスの手順のひとつとして、Web システムが DDoS 攻撃を受けた場合の対応をまとめたものです。

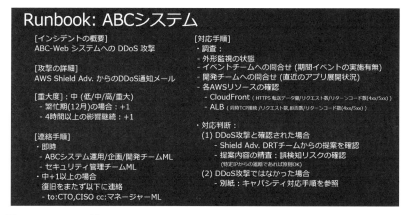

図 9.7　Runbook の例

　この Runbook は、1 枚のシートとしてまとめられ、社内のファイル共有サーバーで保管されるほか、プリントアウトして紙の状態でファイリングされることも想定されています。

　AWS Shield Advanced サービスから DDoS 攻撃を受けているという通知メールをトリガーにして、まず重大度が設定されています。繁忙期やインシデントの継続時間によって、重大度を高める判断することや、重大度に応じた連絡先もま

9

とめられています。対応手順としては、各種確認項目が一覧化されており、対応の判断についても状況による基準が記載されています。

Column セキュリティ文化

インシデントレスポンスのプロセスを実際に正しく機能させるためには、組織のセキュリティ文化も重要なポイントとなります。とくに大きな組織では、現場の担当者が疑わしいインシデントに気付いても、セキュリティ管理部の連絡先がよく分からなかったり、報告後の対応や評価を気にして連絡をしないこともありえます。

このような環境でのセキュリティ対策を検討するのであれば、普段からトレーニングやオープンな情報発信を実施しておくとよいでしょう。報告をまったく受け取らないことよりも、過剰に報告されることが望ましいことを周知し、明確な連絡先を提供して、誰でも重大度の高い報告ができるように訓練していくことが大切です。

● AWS の Runbook サンプルテンプレート

AWS では、ユーザー環境におけるインシデントレスポンスの手順を整備するために、サンプルテンプレートを提供しています。これは、NIST Computer Security Incident Handling Guide[7] の流れに沿って検出から対応までの一連の作業について記載したもので、GitHub[8] で公開されています。

AWS クレデンシャルの情報漏洩を例にした Runbook のサンプル等が掲載されているので、興味がある方は確認してみてください。

このようなかたちでいろいろな視点からシナリオを検討し、プロセスをドキュメント化して整備しておくことで、実際のインシデントレスポンスを効率的かつ迅速に行うことができ、被害を抑えることができます。

9.3 調査や分析のためのデータ保存

プロセスが定義できたら、次は調査や分析のために必要になるデータについて検討します。前章の 8.5 節「ログの保管」で説明したログは、インシデントレス

---

[7] https://nvlpubs.nist.gov/nistpubs/SpecialPublications/NIST.SP.800-61r2.pdf

[8] https://github.com/aws-samples/aws-incident-response-playbooks

ポンスで活用されます。また、システムが生成するログを一か所にまとめて保存しておくことで、インシデントレスポンスの調査と対応を迅速に行うことができるようになります。

　ログの収集の検討と保管の方策ついては前章の 8.5 節「ログの保管」を参照するものとします。調査のためのデータ保管のポイントとして、

- 各システムからデータが正しく送られてくること
  データ分類（アプリケーション／インフラストラクチャ／サービス）ごとのログ取得と転送方法を整備し、マルチアカウント環境ではログ集約用アカウントも検討する

- そのデータを適切に保管できること
  データの紛失対策やそのコストを検討するとともに、インシデントレスポンスの際に担当者がデータを参照できるよう整備しておく

という点に注意します。

9.4　フォレンジックのための基盤

　ログの保管を考えたら、次は、インシデントの調査／分析を行うための基盤について検討します。

　インシデントレスポンス手順としては、原因調査／影響調査／対応判断／復旧作業を紹介しました。このうち原因調査／影響調査のフェーズは、実際にログを調べて、侵害を追跡していく作業になります。例えば、攻撃が成功してしまったのか、被害が発生したのか、被害規模や漏洩した情報について保管されたログを調べて特定し、インシデントの重大度を決定します（トリアージ）。このように保全された情報から行うセキュリティ上の分析調査を**デジタルフォレンジック**[9] と呼びます。

9.4.1　フォレンジック基盤に求められる要件

　このフォレンジックと調査作業のためのシステムは、一般に次のような要件が求められます。

9

[9] forensic という用語には「法分野の」という意味があります。forensic medicine と言えば「法医学」、forensic science は「法科学」です。

● 可用性

攻撃は 24 時間いつでも発生しうるものなので、いつでも調査ができる環境
が求められます。情報漏洩の疑いで緊急対応が必要なときに「システムがメ
ンテナンス中なのでフォレンジックが行えない」ということは許されません。

● 処理能力

調査作業では、さまざまなログを相関分析したり、複雑な条件で検索する作業
が発生します。1 回の検索に数分かかっていては、調査時間が長くなってし
まい、現実的なインシデント対応が難しくなってしまいます。このためフォ
レンジック基盤には十分なコンピューティングリソースを配分しておく必要
があります。

● 費用

セキュリティに投資できる予算は無尽蔵ではないので、費用も重要な要件の
ひとつです。とくにフォレンジック基盤は拡張性要件（将来必要になる性能）
が予測しづらいと言われます。ログを長期保存する必要があるのはもちろん、
対象となるログの種類も増加する傾向があるからです。例えば、これから 2
年間で既存アプリケーションのログ件数がどのくらい増加するか、追加され
る新規システムの数がどのくらいで、どのようなログが保存対象となるかを
正確に予想するのは容易ではありません。このような理由から、長期的に利
用できる基盤を整備しようとすると、最初からハイスペックな機種を用意す
る必要があり、費用面での注意が必要です。

　こうした調査を行う環境として、**SIEM** と呼ばれるソリューションがあります。
SIEM は Security Information and Event Management の略で、上記のよう
な要件を満たす機能を備えています。具体的には、OS やセキュリティ機器、ネッ
トワーク機器、そのほかのあらゆる機器のデータを収集および一元管理する機能
を持ち、インシデントレスポンスをサポートするための基盤として活用されてい
ます。製品によって特徴があり、ログの相関分析による脅威検知機能が優れたも
のや、ログが長期間保存でき過去調査に優れたものなどがあります。

9.4.2 AWS サービスを利用したフォレンジック基盤

　可用性が高く、ログの増加に応じて処理能力を拡張でき、利用したぶんのみコ
ストを支払うというのはクラウドの特徴でもあります。AWS にはフォレンジッ
クのためのマネージドサービスがあり、さきほどの要件に合う環境をすぐに整え
ることができます。

● Detective

Amazon Detective[10] は、AWS リソースからログデータを自動的に収集し、効率的にセキュリティ調査を支援するセキュリティサービスです。機械学習／統計的分析／グラフ理論を使用して、リンクされたデータセットを構築する機能を備え、VPC Flow Logs、CloudTrail、GuardDuty などの複数のデータソースからイベントを分析することができます。時系列グラフなどでイベント傾向を可視化することもでき、怪しい部分をさらに絞り込んで表示するなど、調査のための機能が備わっています（図 9.8）。

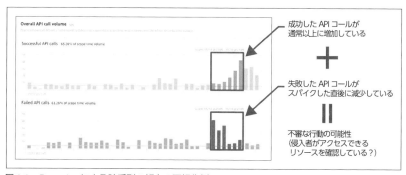

図 9.8　Detective による時系列の傾向の可視化例

手軽にログの可視化を行い、調査を支援するのが Detective の特徴です。

● OpenSearch Service

ほかにも、AWS ジャパンのソリューションアーキテクトが中心となって開発した SIEM on Amazon OpenSearch Service[11] があります Detective に比べて、対応するログデータの種別が多く、生ログの確認が簡単にできるように設計されているなど、セキュリティオペレーションセンターの運用に役立つような機能が提供されています（図 9.9）。

ソースは GitHub 上で OSS として公開されており[12]、デプロイは用意された CloudFormation を利用できます。AWS のマルチアカウント環境下でのログ収集／相関分析／可視化を容易に実現します。

ログの正規化にも対応しており、サービスよるログフォーマットの違い（送信元 IP アドレスを表すフィールド名が sourceIPAddress や srcaddr、ipaddrな

---

[10] https://aws.amazon.com/jp/detective/

[11] https://aws.amazon.com/jp/blogs/news/siem-on-amazon-elasticsearch-service/

[12] https://github.com/aws-samples/siem-on-amazon-opensearch-service

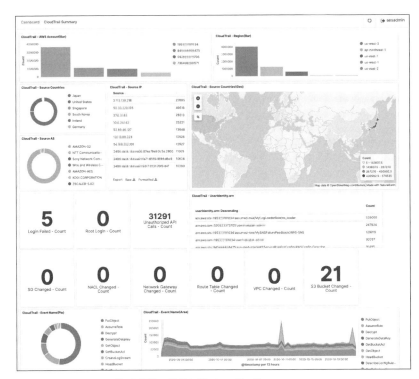

図 9.9　セキュリティログの可視化、分析のダッシュボード

どになっていることなど）を吸収し、複数サービスを横断して 1 つのフィールド
名で検索できるようになっています。自分で正規化を定義することで非対応のロ
グも扱えるのが特徴のひとつです。

9.5　インシデントレスポンスの自動化

　インシデントレスポンスのプロセスの整備や、フォレンジック基盤の整備など、
準備がかなり進んできました。ここではすこし視点を変えて、セキュリティイン
シデントへの対応を自動化し、インシデントレスポンスを効率化することを考え
てみます。

　インシデント対応には共通の操作があります。例えば、インシデントが発生し
た環境をネットワークから隔離したり、発生時の状況を分析するために環境を保
全したりする作業は、多くの対応策で共通に求められる手順です。こうしたあら
かじめ想定できる決まった操作は自動化できる可能性があります。自動化にはさ

まざまなメリットがあります。

- 自動的に作業が進むことで工数削減にもつながる
- 迅速な対応により被害を低減できる可能性がある
- セキュリティに関係した人的リソースの配分を効率化できる

自動化は、特に人的リソースの面での効果が期待できます。仕事として常にセキュリティの監視ができる環境であれば集中して対応できますが、実際にはそこまでリソースが用意できていない環境も多いのが実情です。また、手動で毎回対応を行っているとアラートに対して鈍感になり、処理を間違えたり、異常なアラートを見逃してしまう可能性も高くなります。自動化を行うことで、こういった慣れを回避するとともに、人間による判断が必要なインシデントに対してより注力できるようになります。

9.5.1 AWS サービスを利用した自動化

AWS ではサーバーレスでアプリケーションを稼働させたり、イベントをトリガーにして処理を自動実行させるなど、手軽に自動化を実現できるサービスが揃っています。一例として、EC2 インスタンスがマルウェアに感染していることを GuardDuty が検知した際の自動化を示します（図 9.10）。

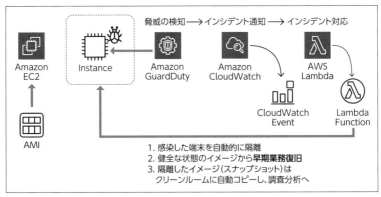

図 9.10　マルウェア感染検知時のインシデントレスポンス自動化例

ここでは作業を 2 つ自動化しています。1 つ目は早期復旧のために EC2 インスタンスをイメージから再展開する作業、2 つ目は調査の準備のために感染端末のメモリーやストレージを隔離して調査環境へコピーする作業です。

　具体的には、調査分析のためによく行う下記の一連の作業を、Lambda を用意しておくことで自動で行うことができます。

1. EC2 インスタンスからメタデータをキャプチャ
2. インスタンスの終了保護を有効にして、偶発的な終了を防止
3. VPC セキュリティグループを切り替えてネットワーク的な隔離を実行
4. Auto Scaling グループ、ELB サービスからインスタンスを除外
5. インスタンスのストレージ（EBS データボリューム）のスナップショットを作成
6. 調査用のインスタンスイメージを起動し、スナップショットからストレージを復元して接続

　このように復旧と調査の両面から自動化の仕組みを用いて、工数の削減と迅速な対応をサポートしているのがポイントです。

　手動で対応する場合に比べて、インシデント発生から対応完了までの時間を大幅に短縮することができます（図 9.11）。

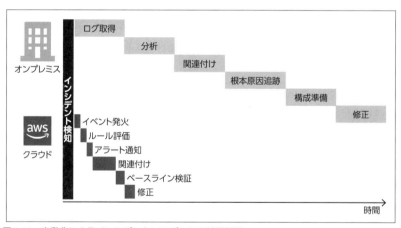

図 9.11　自動化によるインシデントレスポンスの時間短縮

2022年12月のAWS re:InventにおいてAmazon Security Lakeのプレビューが発表されました。これはクラウド、オンプレミスを問わず、セキュリティデータの一元的管理を支援するサービスです。

オープンソースプロジェクトであるOCSF（Open Cybersecurity Schema Framework）のフォーマットに正規化してログを保管する機能があり、保管後のライフサイクル管理機能も備わっています。これにより、ログ保管の運用を簡単にしつつ、任意の分析ツールを利用して脅威の検出／調査／インシデント対応を行うことができます。

執筆時点では正式にリリースされていませんが、マネージドのログ保管サービスとして今後検討できるサービスですので、興味のある方は最新情報を確認してみてください。

9.6　インシデントレスポンスの訓練

最後の項目は訓練です。これまで行ってきた準備が正しく機能するかシミュレーションによって確認できるというのが訓練のメリットですが、そのほかにも訓練に参加した人の作業への自信を深めることも繋がりますし、訓練時からコミュニケーションをとっておくことで本番でのコミュニケーションが円滑になることもあります。また、フィードバックを受けてさらなる改善につなげられるなど、さまざまなメリットがあります。

9.6.1　社内でのインシデントレスポンス訓練

AWSのインシデントレスポンスのホワイトペーパー[13]では、シミュレーションの手順を次の段階に分けて説明しています。インシデント対応の訓練もこれらの手順を踏まえながら進めるのが良いでしょう。

1. シナリオの選択
2. 事前準備（シナリオ要素の構築とテスト）
3. 参加者の招待

9

---

[13] https://docs.aws.amazon.com/ja_jp/whitepapers/latest/aws-security-incident-response-guide/welcome.html

4. シミュレーションの実行

5. 測定と改善

　シナリオの選択では、いろいろなシナリオでシミュレーションを実行してみるとよいでしょう。例えば、ネットワーク構成の不正な変更や、誤って公開した認証情報、誤って公開した機密コンテンツ、疑わしい IP アドレスと通信しているサーバーの発見などがあります。この 4 つは、初めてシミュレーションを行う際のシナリオとしてホワイトペーパーのなかでも推奨されているものです。

　定期的にシミュレーションをして、結果を評価し、フィードバックを元に改善していきましょう。また組織で大規模に行う場合は、訓練に参加した人へのねぎらいや、参加賞の設定など、より訓練が楽しくなるような仕組みもぜひ考えてみてください。

9.6.2　AWS イベントでのインシデントレスポンス訓練

　AWS では、Security JAM というイベントを不定期に開催しています。これは、AWS の権限管理／自動化／インシデントレスポンスなどを題材にしたゲーム形式のイベントで、参加者は提示されるセキュリティ上の課題に対して、AWS マネジメントコンソールを実際に操作し、インシデントレスポンスなどの課題解決に取り組んでいきます（図 9.12）。

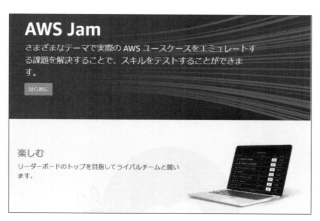

図 9.12　Security JAM

　これまで AWS のプロフェッショナルサービスチームが re:Invent や AWS Summit などのイベントで主催しており、毎回、キャンセル待ちが続く人気のイ

ベントです[14]。

　これまで行ってきた社内準備が正しく機能するか、という観点ではシミュレーションにはなりませんが、AWS で発生しうるようなインシデントが題材となっています。また、社内に AWS の利用環境がない場合でも気軽に参加できますので、ぜひ訓練の一環として利用してみてください。

□　　　□　　　□

　この章では、対応と復旧について、検討のためのポイントを挙げて説明しました。プロセスの定義やデータの保存、フォレンジックのための基盤整備、対応を効率化／改善するための自動化やシミュレーションなど、「ここまで準備が必要なのか」と思われた方もいらっしゃるかもしれません。しかし、インシデントレスポンスは準備で成否が分かれるものです。

　平時に都合の悪いことを考えるのはあまり気の進まない作業ですが、実際のインシデントレスポンスを経験すると、このことがいかに大切であるかを必ず実感できると思います。AWS のセキュリティサービスをうまく活用し、効率的にインシデントの発生に備えるようにしてください。

9

---

[14] 2022 年より AWS のトレーニングコースにおいてもプライベートコース（個社開催）で取り扱うようになりました（https://aws.amazon.com/jp/blogs/news/7-popular-classroom-courses-now-offered-with-aws-jam/）

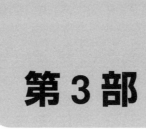

第3部

AWS のセキュリティを
試す

本書の第 2 部では、AWS のクラウド環境の特徴や提供されているサービスを理解しながらセキュリティ管理策を「識別」、「防御」、「検知」、「対応／復旧」の観点から学んできました。セキュリティ管理策のはじめ方や管理策を講じる際の流れに関する基本的な情報が得られたかと思います。学んだ内容の定着を図るためには、実際に自分自身で手を動かして知識を活用し、認識の正誤を確認して発見を積み重ねていくことが重要です。

　このような学習スタイルとクラウドは相性の良い組み合わせです。なぜなら、クラウドサービスは利用者自身がインフラやソフトウェアを持たなくても、インターネット経由でサービスを必要なときに必要なぶんだけ利用できるように提供されており、必要な環境をすぐに手に入れられるからです。

　本書の第 3 部では、これまでに紹介した AWS のサービス／機能を実際に利用するための 2 つのハンズオンをとりあげます。AWS の Web サイトに公開されている内容を元としながら、第 2 部までに紹介した内容を踏まえて解説を加えていきます。

　第 3 部では次のハンズオンを取り上げます。

　　第 10 章：AWS の代表的なセキュリティサービスの操作
　　第 11 章：セキュリティ対応環境の構築、脅威検知／対応

　第 10 章を実践することで AWS のセキュリティサービスに関する具体的なイメージが持てるでしょう。第 11 章を試すことで、セキュリティ運用のイメージが具体的になるものと思います。なお第 3 部を通して必要なアカウントの開設などについては、10.2.1「AWS アカウントの開設」(P. 199) で解説しています。

　これらのハンズオン演習を通して、ここまでに得た知識を実際に体験し、現場への応用の手がかりを掴んでいくことにしましょう。

第10章
代表的なセキュリティ
サービスの操作

10.1 演習の概要

　第2部ではAWSでセキュリティ対策を始めるにあたり、AWSから提供され
ているセキュリティサービスを理解しながら、使い所を学んできました。しかし
ながら、これらのサービスを使ったことがない方はサービスの具体的なイメージ
を持てていないかもしれません。

　そこで、本章のハンズオン[1]ではAWSでセキュリティ対策をはじめようとす
る方が代表的なAWSのセキュリティサービスを実際に操作することを目的に進
めていきます。

10.1.1 利用するサービスと料金

利用するサービスは次のとおりです。

- AWS IAM（Identity and Access Management）
- AWS CloudTrail
- Amazon S3（Simple Storage Service）
- AWS Config
- Amazon GuardDuty

---

[1]本ハンズオンは AWS 初心者向けハンズオン「Security 1 アカウント作成後すぐ
やるセキュリティ対策」（https://pages.awscloud.com/event_JAPAN_Ondemand_Hands-
on-for-Beginners-Security-1_LP.html）を参考に本書に合わせて記載しています。

- AWS Security Hub

　IAM は無料で利用可能です。CloudTrail は最初の証跡作成と管理イベントの記録は無料であり、S3 にイベントデータを記録する場合、その使用量に基づいて S3 の料金が適用されます。ただし、S3 は標準ストレージ 5GB まで 12 ヶ月間無料です。GuardDuty、Security Hub は無料で 30 日間サービスを利用できます。Config は 2022 年 11 月現在、AWS リージョンごとに、AWS アカウントに記録された設定項目あたり 0.003USD が課金されます（オレゴンリージョン）。詳細は AWS のサイトをご確認ください[2]。

10.1.2　モジュール構成と操作内容

　本ハンズオンの構成と利用するサービス、操作する内容は表 10.1 のようになっています。

表 10.1　第 10 章のモジュール構成

モジュール	利用サービス	操作内容
ID とアクセス権の管理	IAM	☐ ルートユーザーの MFA を有効化 ☐ ルートユーザーのアクセスキー削除 ☐ IAM パスワードポリシーの適用 ☐ 個々の IAM ユーザーの作成と IAM グループを使用したアクセス許可の割り当て
AWS クラウドの操作履歴の記録	CloudTrail S3	☐ CloudTrail ログの保存設定 ☐ CloudTrail で取得されたイベント履歴の確認 ☐ CloudTrail ログファイルの確認
AWS アカウントの設定監査の有効化	Config, Security Hub, IAM Access Analyzer	☐ Config の有効化 ☐ Security Hub の有効化 ☐ Security Hub による AWS アカウントのセキュリティ設定の確認 ☐ IAM Access Analyzer の有効化 ☐ IAM Access Analyzer の分析結果の確認
脅威検知の有効化	GuardDuty	☐ GuardDuty の有効化 ☐ GuardDuty による検知内容のサンプル確認

---

[2] https://aws.amazon.com/jp/config/pricing/

10.2 ハンズオンの準備

まず第3部のハンズオンを行うにあたり必要な準備について説明します。

10.2.1 AWS アカウントの開設

ハンズオンを試すには AWS のアカウントが必要です。AWS アカウントをお持ちでない場合は次のサイトを確認し、AWS アカウントを作成してください。

- AWS アカウント作成の流れ
  https://aws.amazon.com/jp/register-flow/
- AWS INNOVATE カンファレンス資料
  「今から AWS を始める方へ-AWS アカウント作成時・利用開始時のポイントと、支払い方法について」(https://d1.awsstatic.com/events/jp/2020/innovate/pdf/I-4_AWSInnovate_Online_Conference_2020_Spring_AWS_Account_Billing_Agency.pdf)

また、本番環境や商用利用している AWS アカウントの利用は避けてください。商用環境に影響がないよう、個人の検証用の AWS アカウントか今回のハンズオン用に別途 AWS アカウントを作成することを強くお勧めします。AWS アカウント開設後にはルートユーザーの多要素認証を有効化しましょう。手順は、追って説明します。

■ 利用するリージョン

本書のハンズオン演習ではオレゴンリージョンの利用を前提にしています。AWS マネジメントコンソールへのログイン後、画面右上に表示されるリージョンがオレゴンになっていることを確認してください。

10.2.2 費用と AWS リソースの削除

ハンズオンの際、AWS に作成したリソースに対しては費用が発生します[3]。AWS アカウントを作成して1年以内には各 AWS サービスに無料利用枠[4] があり、今回のハンズオンのほとんどは無料利用枠に収まります。ただし、AWS リ

---

[3] https://aws.amazon.com/jp/pricing/
[4] https://aws.amazon.com/jp/free/

ソースを作成したままにしておくと無料利用期間が過ぎたタイミングで料金が発生します。ハンズオンが終わって不要になったら AWS リソースの削除を忘れないようにしましょう。AWS リソースの削除手順は演習ごとに後述します。

Column コンソールのスクリーンショットについて

本書のハンズオン演習では可能な限り AWS マネジメントコンソールのスクリーンショットを入れています。ただ、AWS のサービスは日々、機能拡張を続けており、メニューやボタンの配置などインターフェイスも度々変更されます。そのため、スクリーンショット取得時と異なる場面が生じることが予想されます。その際は、手順の記述内容の意図を理解し、コンソール上で適宜判断して操作を進めてください。

10.3 ID とアクセス権の管理

AWS アカウント作成直後は、ルートユーザーで作業を始めることになります。ルートユーザーは、すべての AWS サービスとリソースに対して完全なアクセス権限を持つユーザーで、アカウントの作成に使用したメールアドレスとパスワードで AWS マネジメントコンソールにサインインすることで作業を始められます。

10.3.1 ルートユーザーの設定

第 5 章で確認したように、ルートユーザーは非常に強力な権限があるため、日常的な作業に使わないことを推奨します。そこで、まず、AWS クラウド環境の操作に日常的に用いる IAM（Identity and Access Management）のユーザーを作成します。

IAM のユーザーの作成に用いる IAM コンソールを開くとダッシュボードに、「セキュリティレコメンデーション」が表示されます。図 10.1 の画面のように警告マーク「!」が表示された場合、次の対応で改善できます。

10

図 10.1　セキュリティステータス確認画面

● ルートユーザーの MFA を有効化

「root ユーザーの MFA を追加する」項目に警告マークが付いた場合、ルートユーザーの認証に MFA（Multi-Factor Authentication）が適用されていないことを示しています。MFA を適用するためには、［MFA を追加する］ボタンをクリックしてください。クリックすると「セキュリティ認証情報」画面が表示されます。手順は 5.2.1「多要素認証の利用」（P. 60）で触れていますので、そちらを参考に MFA の設定してください。

● ルートユーザーのアクセスキー削除

「root ユーザーのアクセスキーを無効化または削除」項目に警告マークが付いた場合、ルートユーザーのアクセスキーが作成されていることを示します。現在の AWS では、このルートユーザーのアクセスキーがデフォルトで作成されることはありません。しかし、しばらく運用されていた AWS アカウントでは自身または誰かがルートユーザーでアクセスキーを作成しているかもしれません。アクセスキーが存在する場合、ルートユーザーの権限で API を利用するアプリやシステムが存在する可能性があります。何らかの理由でアクセスキーが作成されている場合は、アプリやシステム側で利用しないようにしてから、アクセスキーを無効化し削除してください。仮にこのアクセスキーが流出した場合、AWS アカウント内におけるほぼすべての操作が可能となるため、非常に危険です。

こちらの手順も 5.2.3「アクセスキーの削除」（P. 65）で触れていますのでご確認ください。

これらのレコメンデーションの内容以外に、次に説明する対応も行います。

> ### Column キーの利用状況の確認
>
> ルートユーザーのアクセスキーがいつ利用されたかを確認するにはIAM のマネジメントコンソールから「認証情報レポート」を出力し、出力された CSVから user列が <root_account>になっている行において、`access_key_1_last_used_date` または `access_key_2_last_used_date`のデータを参照することで確認可能です。
>
> また、後述する CloudTrail ではデフォルトで過去90日間の APIコール履歴を記録していますので、CloudTrail のマネジメントコンソールからルートユーザーのアクセスキーで履歴をフィルターすることで同アクセスキーによる API コールを確認することも可能です。

10.3.2 IAM パスワードポリシーの適用

IAM ユーザーの作成にあたり、今後の運用を見据えて操作対象の AWS アカウントの全 IAM ユーザーに適用される IAM パスワードポリシーを設定し、認証情報を保護します。

パスワードポリシーの設定は IAM コンソールの左側メニューから「アカウント設定」をクリックします。

図 10.2　パスワードポリシー

続いて［編集］ボタンをクリックし、パスワードポリシーの設定を行ってください。

図 10.3 パスワードポリシー設定画面

　所属する組織において、すでに何かしらのパスワード設定ルールがある場合は、それを参考にしながら設定すると良いでしょう。

10.3.3 IAM ユーザーの作成とアクセス許可の割り当て

　AWS アカウントへの日常的なアクセスが必要なユーザー用に個別の IAM ユーザーを作成します。

　IAM のユーザーやアクセス権を設定するために、まず、IAM ポリシーを管理できる IAM の管理者を作成しましょう。IAM の管理者は IAM のユーザーや IAM ポリシーを作成できるため、事実上、ルートユーザーに次ぐ強い権限を持つユーザーになります[5]。

　IAM ユーザーはルートユーザーと異なり、複数作成することが可能です。1 ユーザーにつき 1 つの IAM ユーザーを作成するのが ID 管理の鉄則です。IAM ユーザーに役割を持たせて操作が可能な権限を付与するためには、権限を記述した IAM ポリシーを割り当てる必要があります。ここでは、AWS 側であらかじ

---

[5] IAM 管理者は IAM ユーザー作成時に、自身が付与された権限以上のアクセス権を付与することが可能です。これを防ぐために用いることができる機能として、IAM Permissions Boundary が用意されています。IAM Permissions Boundary については、次の AWS ユーザーガイドを参照してください。「IAM エンティティのアクセス許可境界」（https://docs.aws.amazon.com/ja_jp/IAM/latest/UserGuide/access_policies_boundaries.html）

め用意されている IAM の管理ポリシーの AdministratorAccess を割り当てましょう。

　ところで IAM の実際の運用では複数の IAM ユーザーが作成されることになります。そのため、IAM ポリシーは運用管理の観点から IAM ユーザーではなく同じ役割を持つユーザーを IAM グループに所属させ、IAM グループに IAM ポリシーを割り当てることが推奨されています。これは、IAM ユーザー単位でポリシーの管理を行うと、IAM のユーザー数ぶんのポリシーが管理対象となり、運用負荷が高くなるためです。手順は次のとおりです[6]。

1. IAM グループ（`admin-group`）を作成して AdministratorAccess ポリシーを割り当てる。

図 10.4　admin-group に AdministratorAccess を割り当てた状態

---

[6] 詳細な手順は、5.3 節（P. 66）で触れていますので、そちらを確認してください。

2. IAM ユーザー（`user1`）を作成して IAM グループ（`admin-group`）に参加
させる

図 10.5　user1 を admin-group に参加させた状態

　IAM ユーザーも MFA を設定可能です。IAM ユーザー作成後、左側のナビ
ゲーションペインメニューで［ユーザー］を選択し、ユーザー一覧画面から該当
のユーザー（今回の例では user1）を選択し、セキュリティ認証情報のタブから
［MFA デバイスの割り当て］ボタンをクリックして設定し、有効化することをお
勧めします。

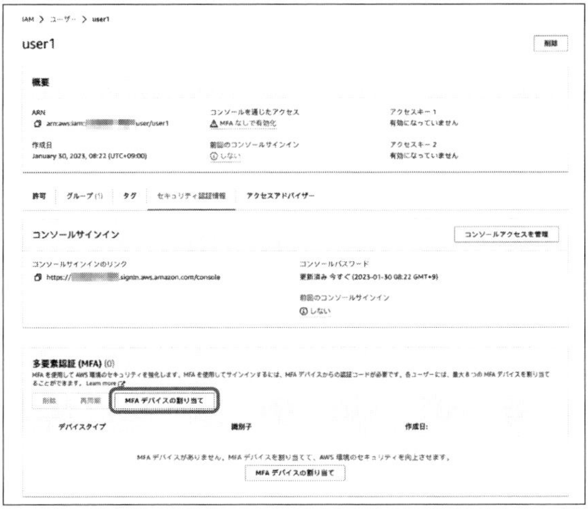

図 10.6　user1 の認証情報画面

　以降の作業は IAM ユーザー（`user1`）による操作を前提としています。

10.4 AWS クラウドの操作履歴の記録

　8.2節でも述べたように、セキュリティ関連のイベントを収集して統合し、インシデントに対してアラートを出す活動はサイバーセキュリティ対策の根幹を為します。そのイベントの収集に該当する対応のひとつが AWS のクラウド操作者の操作ログの記録／管理です。これらのログには「いつ」、「だれが」、「どのリソースを」、「どのように操作したか」、「結果どうなったのか」といった情報が適切に記録されている必要があります。

10.4.1 CloudTrail

　CloudTrail は、AWS アカウント内で AWS のリソースに関する操作のイベントを記録するサービスです。CloudTrail を利用すると、AWS マネジメントコンソール、AWS の SDK やコマンドラインツール、そのほかの AWS のサービスを使用して実行されるアクションなど、AWS アカウント内のイベント履歴を把握できます。

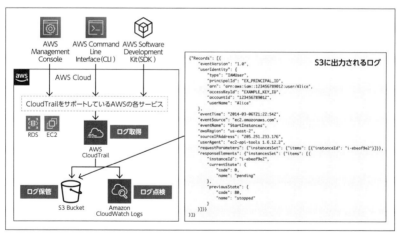

図 10.7　CloudTrail によるログ取得イメージ（再掲）

　このイベント履歴により、セキュリティ分析、リソース変更の追跡、トラブルシューティングをより簡単に実行できるようになります。

10.4.2 CloudTrail ログの保存設定

　CloudTrail は AWS アカウント開設直後からデフォルトで有効化されており、過去 90 日間のイベントを閲覧することができます。AWS マネジメントコンソールから CloudTrail を検索して CloudTrail のコンソールを呼び出し、左側メニューにある「イベント履歴」をクリックします。

図 10.8　「イベント履歴」を選択する

　これで、いくつかのイベントを確認できます。表示される「イベント履歴」ではイベント発生時から 90 日経過した情報は表示されなくなるため、ログを S3 バケットに保存するように設定しましょう。具体的には「証跡」（ログ）を作成します。これにより、ログが保管されている限り記録されたイベントを確認できるようになります。

　なお、実際の運用では全リージョンで CloudTrail の証跡を作成することを推奨します。普段利用していないリージョンで予期せぬアクティビティが生じたとしても、証跡を残しておくことで確認できるようになります。

1. AWS マネジメントコンソールから CloudTrail コンソールに移動する
2. オレゴンリージョンであることを確認する

3. 左側メニューから［証跡情報］をクリックして、［証跡の作成］ボタンをクリックする

図 10.9　CloudTrail 証跡の作成

4. 表 10.2 のように必要な情報を入力し、［次へ］ボタンをクリックする[7]

表 10.2　証跡の設定項目

設定項目	設定内容
証跡名	`security-hands-on-cloudtrail`
ストレージの場所	新しい S3 バケットを作成
証跡ログバケットおよびフォルダ	`security-hands-on-cloudtrail-<任意の文字列>`
ログファイルの SSE-KMS 暗号化	有効のチェックを外す
ログファイルの検証	有効

　バケット名は全世界でユニークな名前にする必要があります。つまり誰かがすでに使用しているバケット名は利用できません。バケット名にアカウント ID や名前、日付を追加するなどして、ユニークとなる文字列を入力してください。作成したバケットは最後に削除することになるので、分かりやすい名前にしておきましょう。

---

[7] それ以外はデフォルトの設定で構いません。

10

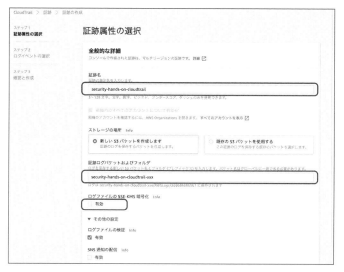

図 10.10　CloudTrail 証跡設定画面

5. 「ログイベントの選択」画面ではデフォルトの設定のまま［次へ］ボタンを
　 クリックする

6. 「確認と作成」画面では設定内容を確認し、［証跡の作成］ボタンをクリッ
　 クする

図 10.11　CloudTrail 証跡作成結果画面

7. 指定した証跡名とオレゴンリージョンで作成されていることを確認する

　これで証跡（ログ）の取得の設定はできました。次に脅威の検知を有効化して
みましょう。

10.5 脅威検知の有効化

AWS アカウント環境の脅威を検知する GuardDuty を設定します。Guard Duty は、CloudTrail などのログ、機械学習による異常検出、攻撃者が使用することが分かっている IP アドレスやドメインを用いた脅威インテリジェンスを活用して潜在的な脅威を識別し、対応の優先順位を示します。

次の手順で GuardDuty を設定します。

1. AWS マネジメントコンソールから GuardDuty コンソールに移動する
2. オレゴンリージョンであることを確認する
3. ［今すぐ始める］ボタンをクリックする

図 10.12　GuardDuty コンソールから［今すぐ始める］ボタンをクリックする

4. ［GuardDuty の有効化］ボタンをクリックする

図 10.13　［GuardDuty の有効化］

GuardDuty を利用するために、CloudTrail や VPC フローログ、DNS ログを有効化する必要はありません。利用者が設定した各種ログとは別に AWS 内部

でデータストリームを直接取得します。

10

10.6 設定監査の有効化

AWSアカウント内のリソースの変更履歴を取得し、各種設定がセキュリティ上、問題がないかを確認できるようにします。

またIAM Access Analyzerを利用し、外部と共有しているAWSリソースを確認できるようにします。

10.6.1 Config の有効化

AWS Configは、AWSリソースの設定を評価、監査、審査できるサービスです。Configでは、AWSリソースの設定を継続的にモニタリング／記録し、望まれる設定に対する評価を自動で行います。Configを使用すると、AWSリソース間の設定や関連性の変更を確認し、詳細なリソース設定履歴を調べ、社内ガイドラインで指定された設定に対する全体的なコンプライアンスを確認できます。これにより、コンプライアンス監査、セキュリティ分析、変更管理、運用上のトラブルシューティングを簡素化できます。

1. AWS マネジメントコンソールから Config のコンソールに移動する
2. オレゴンリージョンであることを確認する
3. ［今すぐ始める］ボタンをクリックする

図 10.14　Config コンソールから ［今すぐ始める］ボタンをクリックする

4. 表 10.3 のように必要な情報を入力し、［次へ］ボタンをクリックする[8]

表 10.3　Config の設定項目

設定カテゴリ	設定項目	設定内容
一般設定	記録するリソースタイプ	このリージョンでサポートされているすべてのリソースを記録する。「グローバルリソース（AWS IAM リソースなど）を含める」にチェック
	AWS Config ロール	AWS Config サービスにリンクされたロールの作成
配信方法	Amazon S3 バケット	バケットの作成
	S3 バケット名	security-hands-on-config-[任意の文字列]
	Amazon SNS トピック	チェックなし

図 10.15　Config 設定画面（一般設定）

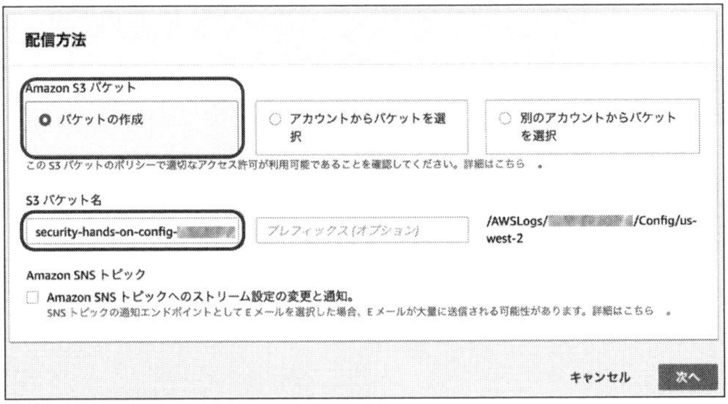

図 10.16　Config 設定画面（配信設定）

[8] それ以外はデフォルトの設定で構いません。

5. Config ルールの「AWS マネージド型ルール」選択ページではルールを選択せずに［次へ］を選ぶ（今回は Config のコンソール経由でルールを有効化しません）

6. 次の画面で［確認］ボタンをクリックする。10 数秒程度待つと自動的にダッシュボードに移動する

図 10.17　Config 設定レビュー画面

7. 設定完了になれば、図 10.18 のような画面で「リソースを検出中です」と表示される

図 10.18　Config 設定完了画面

　実際にリソースが表示されるには、10～15 分程度かかりますので、次の作業を進めてください。

10.6.2 Security Hub の有効化

Config では AWS マネージド型ルールを選択し、AWS アカウント内のセキュリティ設定を確認できます。さらに、Security Hub を介して標準で用意されているチェック項目（セキュリティ基準）を有効化することが可能です。

ここでは、セキュリティイベントの集約基盤として用いられる Security Hub を有効化し、定常的にセキュリティ設定の確認ができるようにします。

1. AWS マネジメントコンソールから Security Hub コンソールに移動する
2. オレゴンリージョンであることを確認する
3. 「Security Hub の使用を開始する」から「Security Hub に移動」を選択する

図 10.19　Security Hub の使用を開始する

4. 「AWS Security Hub の有効化」画面から表 10.4 に示したセキュリティ基準の項目を選択し（有効化対象はチェックを入れ、無効化対象はチェックを外す）、［Security Hub の有効化］をクリックする

表 10.4　Security Hub の設定項目

設定項目	設定内容
AWS 基礎セキュリティのベストプラクティス v1.0.0	有効化
CIS AWS Foundations Benchmark v1.2.0	無効化
CIS AWS Foundations Benchmark v1.4.0	有効化
PCI DSS v3.2.1	無効化

図 10.20　セキュリティ基準の設定

設定が完了すると図 10.21 のような画面になります[9]。

図 10.21　Security Hub 設定完了後

---

[9] Security Hub を有効にしたあと、新しく有効になったセキュリティ基準のセキュリティ
チェックの結果が表示されるまでに最長 2 時間かかることがあります。

10.6.3 IAM Access Analyzer の有効化

IAM Access Analyzer は、操作している AWS アカウントにおいて、意図せずにリソースの公開設定がされていないかを検出し可視化してくれる IAM の機能です。Access Analyzer はリソースに適用されているポリシーを分析し、ほかの AWS アカウントと共有している IAM ロールやインターネット等からアクセスが可能な S3 バケットなどを検出します。分析対象となるリソースは指定されているため、事前に確認しておきましょう。

1. AWS マネジメントコンソールから IAM コンソールに移動する
2. 左側メニューの「アクセスレポート」から「Access Analyzer」を選択し、[アナライザーを作成]をクリックする
3. オレゴンリージョンであることを確認する

図 10.22　IAM Access Analyzer の有効化

4. 「アナライザーを作成」画面では「信頼ゾーン」で「現在のアカウント」を
選択し、その他はデフォルトの設定のまま ［アナライザーを作成］ をクリッ
クする

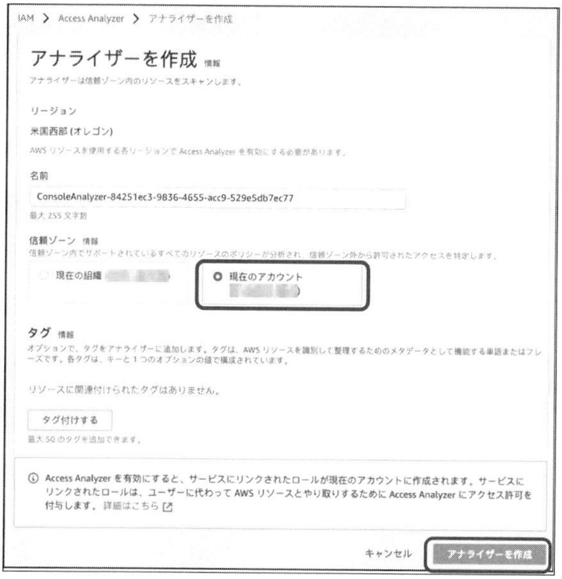

図 10.23　IAM Access Analyzer の設定

10.7　設定結果の確認

　これまでに各セキュリティサービスで設定した結果を確認していきましょう。
設定した結果を確認できるまでには時間を要します。短時間で確認できるものか
ら順番に見ていきましょう。

10.7.1　IAM Access Analyzer の分析結果確認

　IAM Access Analyzer の分析結果は IAM コンソールで確認できます。リソー
スに紐付けられたポリシーが変更されてから Access Analyzer がリソースを分
析して結果を更新するまで、最大で 30 分かかる場合があります。

1. AWS マネジメントコンソールから IAM コンソールに移動する
2. 左側メニューの「アクセスレポート」から「Access Analyzer」を選択する

3. オレゴンリージョンであることを確認する
4. 出力すべき結果がある場合は「アクティブな結果」として内容が表示される
   ので確認する。結果が出力されている場合は結果 ID をクリックすることで
   詳細を確認できる

図 10.24　IAM Access Analyzer の結果一覧画面のサンプル

　新しい AWS アカウントでここまでの作業を試した段階では特に出力されない
かと思います。参考までに図 10.25 に示したように実際の運用環境で結果が出力
された際の画面の確認手順をご紹介したいと思います。

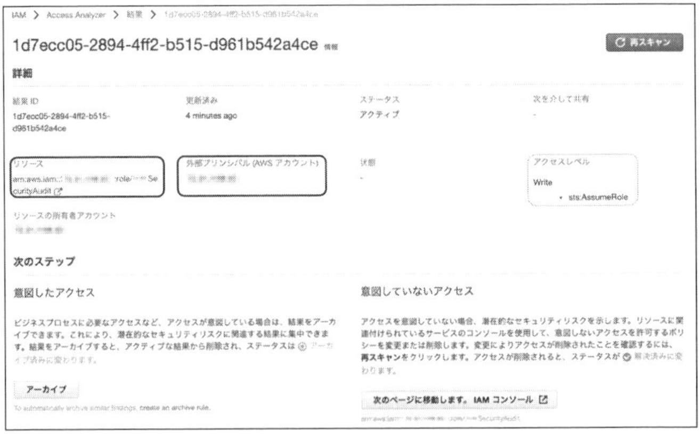

図 10.25　Access Analyzer の結果詳細表示

10

　この結果の詳細を確認すると、リソース所有者アカウント（操作をしている自分の AWS アカウント）の IAM ロール SecurityAudit が外部プリンシパル（AWS アカウント）から自 AWS アカウントにアクセス可能であることが分かりました。これが意図せぬ内容であった場合には、これらの情報を元に IAM ポリシーの変更などの対応をしていくことになります。

　以上で、IAM Access Analyzer の利用と結果の確認のハンズオンは完了です。

10.7.2　GuardDuty の検出結果の確認

　GuardDuty の設定結果はサンプルを例に確認手順を記載します。実際の環境を反映した結果で同様に確認することも可能です。

1. AWS マネジメントコンソールから GuardDuty コンソールへ移動する
2. オレゴンリージョンであることを確認する
3. 左側メニューの「設定」をクリックし、［結果サンプルの生成］ボタンをクリックする。これにより、検出結果のサンプルが生成される

図 10.26　GuardDuty 結果サンプルの生成

4. 左側メニューの「検出結果」をクリックし、サンプルが表示されていることを確認し、右上の赤い丸の部分をクリックする

図 10.27　GuardDuty 結果サンプルの表示

219

5. 重要度が高い結果のみが表示される。その上の「検索タイプ」の列にある「▼」でソートして、「Backdoor:EC2/DenialOfService.Udp」をクリックする

	▼	検索タイプ	▲	リソース	▼	最続… ▼	カウント ▼
□	△	[例] Backdoor:EC2/C&CActivity.B		Instance: i-99999999		24分前	1
□	△	[例] Backdoor:EC2/C&CActivity.B!DNS		Instance: i-99999999		24分前	1
□	△	[例] Backdoor:EC2/DenialOfService.Dns		Instance: i-99999999		24分前	1
□	△	[例] Backdoor:EC2/DenialOfService.Tcp		Instance: i-99999999		24分前	1
□	△	[例] Backdoor:EC2/DenialOfService.Udp		Instance: i-99999999		24分前	1
□	△	[例] Backdoor:EC2/DenialOfService.UdpOnTcpPorts		Instance: i-99999999		24分前	1
□	△	[例] Backdoor:EC2/DenialOfService.UnusualProtocol		Instance: i-99999999		24分前	1
□	△	[例] CryptoCurrency:EC2/BitcoinTool.B		Instance: i-99999999		24分前	1

図 10.28 重要度が高い結果のみ表示

6. 画面右側に脅威の詳細が表示される。この例では、EC2 インスタンスが、UDP のプロトコルを使用したサービス拒否（DoS）攻撃の実行に利用されている可能性があることが確認できる[10]

図 10.29 Backdoor:EC2/DenialOfService.Udp の詳細表示

---

[10] Detective を利用してイベント情報の分析を行うためのリンクも用意されています。

7. ［情報］をクリックすると画面右側にさらに該当の脅威に関する参考情報が
　表示される

10

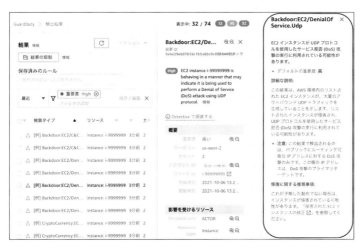

図 10.30　検出された脅威に関する参考情報表示

　改めて、手順 6（図 10.29）の脅威の詳細を確認してみましょう。表 10.5 に挙
げる内容が出力されています。

表 10.5　脅威の詳細

概要		
重要度	高い	結果には重大度（高、中、低）が割り当てられている
リージョン	us-west-2	結果が作成された AWS リージョン
更新時刻	xxxx-xx-xx hh:mm:ss	更新時刻
影響を受けるリソース		
Instance ID	i-99999999	EC2 インスタンスの ID
port	24198	接続に使用されたポート番号
アクション		
Action Type	NETWORK_CONNECTION	トラフィックが該当の EC2 インスタンスとリモートホスト間で交わされたことを示す
Protocol	UDP	ネットワーク接続プロトコル
Connection direction	OUTBOUND	該当の EC2 インスタンスがリモートホストへの接続を開始したことを示す
ターゲット		
IP address	198.51.100.0	ターゲットの IP アドレス
port	80	ターゲットのポート番号

このような出力結果から、

- 重要度の高いインシデントが
- xxxx-xx-xx hh:mm:ssに us-west-2リージョンで発生し、
- i-9999999インスタンスのポート 24198から、
- 外部のアドレス 198.51.100.0のポート 80に対して UDP による DoS 攻撃に相当する通信が発生している

ということが確認できました。

ここで紹介した情報は内容の一部です。各項目についての詳細は、サイト「Guard Duty の検出結果を見つけて分析する」[11] で確認できます。

今回は一例ですが、実際に脅威を検知した場合は、これらの情報を元に対応をしていくことになります。

以上で、GuardDuty の設定と検知の確認のハンズオンは完了です。

10.7.3 Security Hub による設定の確認

次は、Security Hub を利用して有効化した AWS アカウント内のセキュリティチェック結果を確認しましょう。その結果が表示されるまでに最長 2 時間かかることがあります。

1. AWS マネジメントコンソールから Security Hub コンソールへ移動する
2. オレゴンリージョンであることを確認する

---

[11] https://docs.aws.amazon.com/ja_jp/guardduty/latest/ug/guardduty_findings.html#guardduty_working-with-findings

10

3. 「セキュリティ基準」にチェック結果としてセキュリティスコアが表示され
ていることを確認する

図 10.31　Security Hub コンソールにおけるセキュリティスコアの表示

4. セキュリティチェックとして有効化した「基準」の「CIS AWS Foundations
Benchmark v1.4.0」または「AWS 基礎セキュリティのベストプラクティ
ス v1.0.0」のどちらかをクリックする。ここでは、「AWS 基礎セキュリティ
のベストプラクティス v1.0.0」のほうを選択する

5. 「AWS 基礎セキュリティのベストプラクティス v1.0.0」に関するチェッ
ク結果が示される。ここでは例として S3.8 の「S3 Block Public Access
setting should be enabled at the bucket-level」をクリックする。これに
より S3 の各バケットに対して Public アクセスを強制的に禁止する「ブロッ
クパブリックアクセス機能」が有効化されているかを確認できる

図 10.32　AWS 基礎セキュリティのベストプラクティス v1.0.0 のスコア表示

223

6. 「S3 Block Public Access setting should be enabled at the bucket-level」
のチェックで「失敗」となった S3 バケットの一覧が表示される。S3 のバ
ケットに対してブロックパブリックアクセス機能を有効化する設定方法は、
画面上部にある「修復手順」をクリックすることで、ユーザーガイドの該当
箇所を見ることができる[12]

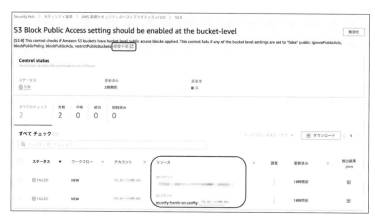

図 10.33　チェック項目結果の詳細表示

以上で、Security Hub のハンズオンは完了です。

10.7.4　CloudTrail に記録されたイベントの確認

さらに、CloudTrail の設定により記録されたイベント情報を確認していきま
しょう。

● マネジメントコンソールへのログインイベントの確認

CloudTrail のコンソールから IAM ユーザーによるマネジメントコンソールへ
のログインイベントを確認します。

---

[12] 「修復手順」を自動化するソリューションが AWS より提供されています。余裕のある方は
実践していただくことを推奨します。日本語による実装ガイドもありますが、最新情報は英語版
のガイドで確認する必要があります。
英語版実装ガイド：https://docs.aws.amazon.com/solutions/latest/aws-security-
hub-automated-response-and-remediation/welcome.html
日本語版実装ガイド：https://aws.amazon.com/jp/solutions/implementations/aws-
security-hub-automated-response-and-remediation/

1. AWS マネジメントコンソールから CloudTrail コンソールへ移動する
2. オレゴンリージョンであることを確認する
3. 左側メニューの「イベント履歴」をクリックし、フィルタをかける。表 10.6 の条件で、フィルタ条件としてイベント名を指定し、ConsoleLogin の履歴を表示する[13]

表 10.6　イベント履歴のフィルタリング

フィルタ	値
イベント名	ConsoleLogin

図 10.34　イベント履歴におけるフィルタ条件の指定

---

[13] コンソールログインのイベントを確認する場合、マネジメントコンソールへのアクセス時の URL 構造によって記録される CloudTrail のリージョンが変わります。詳細は次のユーザーガイドをご確認ください。「AWS CloudTrail による IAM および AWS STS の API コールのログ記録」(https://docs.aws.amazon.com/ja_jp/IAM/latest/UserGuide/cloudtrail-integration.html)

4. ConsoleLogin の任意のイベントをクリックするとイベント時間／イベント
名／発信元 IP アドレス／ユーザー名／エラーコードなど、どのようなイベ
ントがいつ発生したかとその結果を確認できる。ここでは、自身のマネジメ
ントコンソールログインの履歴を確認する

図 10.35　マネジメントコンソールログインのイベント情報確認

5. 詳細な情報は JSON 形式で「イベントレコード」として表示される。

```
{
    "eventVersion": "1.08",
    "userIdentity": {
        "type": "IAMUser",
        "principalId": "EX_PRINCIPAL_ID",
        "arn": "arn:aws:iam::123456789012:user/user1",
        "accountId": "123456789012",
        "userName": "user1"
    },
    "eventTime": "2021-09-04T01:29:13Z",
    "eventSource": "signin.amazonaws.com",
    "eventName": "ConsoleLogin",
    "awsRegion": "us-east-1",
    "sourceIPAddress": "xxx.xxx.xxx.xxx",
    "userAgent": "Mozilla/5.0 (Macintosh; Intel Mac OS
```

10

```
       X 10.14; rv:78.0) Gecko/20100101 Firefox/78.0",
           "requestParameters": null,
           "responseElements": {
               "ConsoleLogin": "Success"
           },
           "additionalEventData": {
               "LoginTo": "https://console.aws.amazon.com/cons
       ole/home?fromtb=true&hashArgs=%23&isauthcode=true&state
       =hashArgsFromTB_us-east-1_3b0c52b1b0c3b9aa",
               "MobileVersion": "No",
               "MFAUsed": "No"
           },
           "eventID": "b09e6573-31dc-4159-9795-bdba185ccfea",
           "readOnly": false,
           "eventType": "AwsConsoleSignIn",
           "managementEvent": true,
           "eventCategory": "Management",
           "recipientAccountId": "123456789012"
       }
```

ログの内容は一例となります。CloudTrail は、多くの AWS のサービスでイベントのログ記録をサポートしています。サポートされている各サービスの詳細については、そのサービスのガイドを参照してください。

● S3 バケットの操作に関するイベント情報の確認

同様に、これまでに作成した S3 バケットの操作イベントがどのように記録されているか検索してみましょう。

1. AWS マネジメントコンソールから CloudTrail コンソールへ移動する
2. オレゴンリージョンであることを確認する

3. 左側メニューの「イベント履歴」をクリックし、フィルタをかける。次の条件で、フィルタ条件としてリソース名を指定し、security-hands-on-< 任意の文字列 > の S3 バケットに関するイベント履歴を表示する

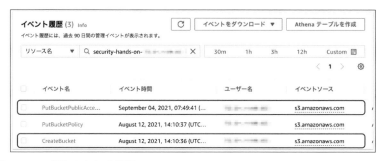

図 10.36　S3 操作のイベント情報

　CreateBucket でバケットが作成されていることを確認できると思います。

　Security Hub のハンズオンで S3 バケットにおいて検知されたブロックパブリックアクセス機能の無効化状態に対し、機能を有効化した場合は PutBucket PublicAccessBlock というイベントを確認できるはずです。このイベントは、S3 によってパブリックアクセスが制限されたことを意味しています。

● CloudTrail ログファイルの確認

　次に CloudTrail ログの保存設定結果を確認しましょう。

　CloudTrail は S3 バケットに約 5 分ごとにログファイルを送信します。ただし、対象の AWS アカウント内において API の呼び出しがない場合は、ログファイルは送信されません。また、通常、API 呼び出しから平均 15 分以内にログが記録されます[14]。

　ログファイルは gzip アーカイブで S3 バケットに発行されます。S3 バケットには、次のような形式でオブジェクトが格納されます。

```
<bucket_name>/<prefix_name>/AWSLogs/<account_id>/CloudTrail/
<region>/<YYYY>/<MM>/<DD>/<identifier>/<file_name>.json.gz
```

　それぞれ次のような要素で構成されています。

　　<bucket_name>：CloudTrail を作成したときに指定したバケット名（コン

---

[14] この時間は保証されません。

10

ソールの「証跡」で確認できる）

`<prefix_name>`：CloudTrail を作成したときに指定したプレフィックス（オプション）

`AWSLogs`：文字列

`<account_id>`：アカウント ID

`CloudTrail`：文字列

`<region>`：リージョン識別子（`us-west-2` など）

`<YYYY>`：ログファイルが発行された年（`YYYY` 形式）

`<MM>`：ログファイルが発行された月（`MM` 形式）

`<DD>`：ログファイルが発行された日（`DD` 形式）

`<identifier>`：同じ期間をカバーするほかのファイルと区別するための英数字（オプション）

`<file_name>.json.gz`の例は、次のようになります。

123456789012_CloudTrail_us-west-2_20210828T1255ZHdkvFTXOA3Vnhbc.json.gz

ログファイルを確認するには、S3 コンソール、CLI または API を使用します。ここでは S3 コンソールで確認しましょう。

1. AWS マネジメントコンソールから S3 コンソールへ移動する
2. 指定したバケットを選択する（例：security-hands-on-cloudtrail-< 任意の文字列 >）
3. 必要なログファイルが見付かるまでオブジェクト階層内を移動する

```
All Buckets
  Bucket_Name
    AWSLogs
      123456789012(アカウントIDを指す)
        CloudTrail
          us-west-2
            2021
              08
                28
```

図 10.37　CloudTrail ファイル格納先の階層構造

4. 拡張子が.gz のファイルを確認する

ログファイルは JSON 形式です。JSON ビューアのアドオンがインストールされている場合は、ブラウザで直接ファイルを表示できます。バケットのログファイル名をダブルクリックすると、新しいブラウザウィンドウまたはタブが開きます。JSON は読み取り可能な形式で表示されます。JSON に対応しているエディ

タでも確認可能です。

　ところで、このログファイルから手作業で特定のイベントを検出することは困難を極めます。ファイル名に付与された時間帯で単一のファイルが作成されるとは限らず、複数のファイルが作成される可能性があり、確認したい期間によっては大量のファイルを分析する必要があります。

　このような課題に対し、CloudTrail に記録されたイベントを SQL ベースのクエリにより検索できる CloudTrail Lake というサービスが 2022 年 1 月に提供されました。本ハンズオンでは含めておりませんが、サンプルのクエリも提供されているので手軽に試すことができます。

図 10.38　CloudTrail Lake の利用画面

　実際の手順は AWS のサイトの次のドキュメントが参考になります。

- ユーザーガイド「AWS CloudTrail Lake の使用」
  https://docs.aws.amazon.com/ja_jp/awscloudtrail/latest/userguide/cloudtrail-lake.html
- AWS ブログ「AWS CloudTrail Lake の発表 – 監査とセキュリティのためのマネージドデータレイク」
  https://aws.amazon.com/jp/blogs/news/announcing-aws-cloudtrail-lake-a-managed-audit-and-security-lake/

10.8　リソースの削除

　最後に、ハンズオンで作成したリソースを削除します。これは使い終わったリソースが残ることで想定外の費用が生じないようにするために必要な作業です。

10.8.1　CloudTrail の証跡削除

10

CloudTrail の証跡を次の手順で削除していきます。

1. AWS マネジメントコンソールから CloudTrail コンソールへ移動する
2. オレゴンリージョンであることを確認する
3. 左側メニューの「証跡」を選択し、作成した証跡名「security-hands-on-cloudtrail」をクリックする

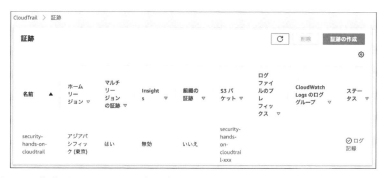

図 10.39　作成した CloudTrail の証跡の選択

4. 右上の［削除］ボタンをクリックする

図 10.40　作成した CloudTrail の証跡削除

5. 確認画面が出てきたら再び［削除］ボタンをクリックする

図 10.41　CloudTrail の証跡削除確認画面

10.8.2 　Config における記録の停止

Config の証跡は次の手順で停止します。

1. AWS マネジメントコンソールから Config コンソールへ移動する
2. オレゴンリージョンであることを確認する
3. 左側メニューの「設定」をクリックして、設定の［編集］ボタンをクリックする

図 10.42　Config の設定画面

10

4. レコーダーの「記録の有効化」のチェックをクリックして外し、[確認] ボタンをクリックする

図 10.43 「記録の有効化」のチェックを外す

10.8.3 GuardDuty の無効化

GuardDuty を無効化します。

1. AWS マネジメントコンソールから GuardDuty コンソールへ移動する
2. オレゴンリージョンであることを確認する
3. 左側メニューの「設定」をクリックして、「GuardDuty を無効化する」項目から [を無効にする] ボタンをクリックする

図 10.44 GuardDuty の無効化操作画面

4. 確認画面が出てきたら再び [を無効にする] ボタンをクリックする

図 10.45 GuardDuty の無効化確認画面

10.8.4 IAM Access Analyzer の削除

IAM Access Analyzer を削除します。

1. AWS マネジメントコンソールから IAM コンソールへ移動する
2. 左側メニューの「Access Analyzer」から「アナライザー」をクリックして 削除対象とするアナライザーを選択し、[削除] ボタンをクリックする

図 10.46　IAM Access Analyzer の削除操作画面

3. 確認画面が出てきたら「削除」と入力し [削除] ボタンをクリックする

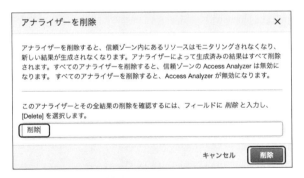

図 10.47　IAM Access Analyzer の削除確認画面

10.8.5 Security Hub の無効化

Security Hub を無効化します。

1. AWS マネジメントコンソールから Security Hub コンソールへ移動する
2. 左側メニューの「設定」から「一般」タブをクリックする

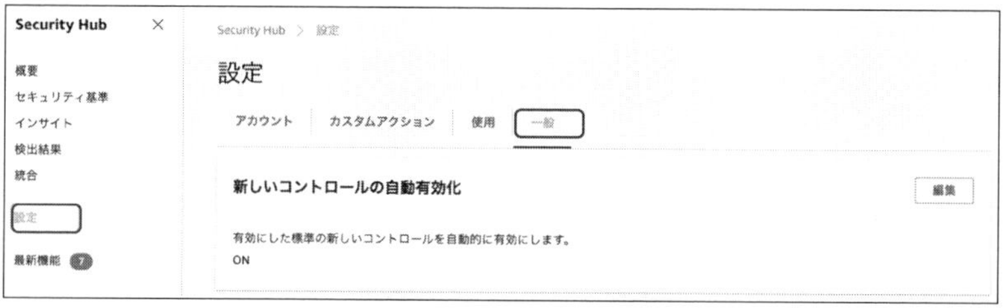

10

図 10.48　Security Hub の無効化操作画面

3. 下部にある［AWS Security Hub の無効化］ボタンをクリックする

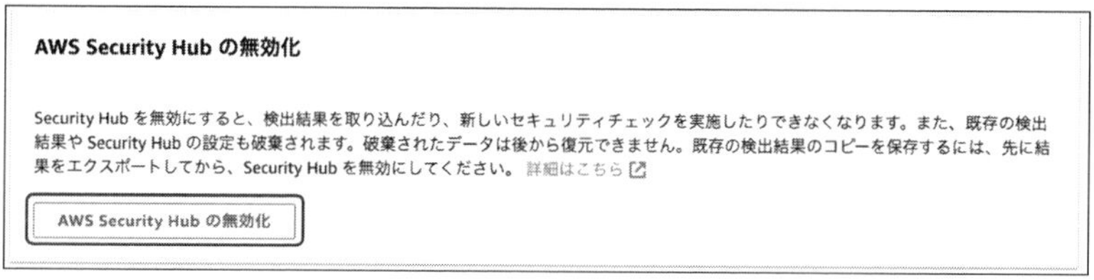

図 10.49　Security Hub の無効化

4. 認画面が出てきたら再度［AWS Security Hub の無効化］ボタンをクリックする

図 10.50　Security Hub の無効化確認画面

10.8.6　S3 バケットの削除

本ハンズオンで作成した次の 2 つのバケットを削除します。

- `security-hands-on-cloudtrail-<任意の文字列>`
- `security-hands-on-config-<任意の文字列>`

1. AWS マネジメントコンソールから S3 コンソールへ移動する
2. 削除対象のバケット名の左側にあるラジオボタンをチェックして、［空にする］ ボタンをクリックする

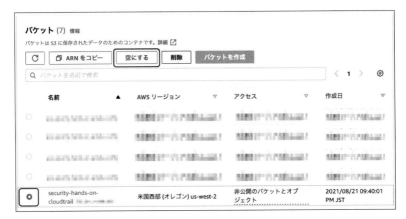

図 10.51　バケット内を空にする S3 バケット選択画面

3. 「完全に削除」を入力して、［空にする］ボタンをクリックする

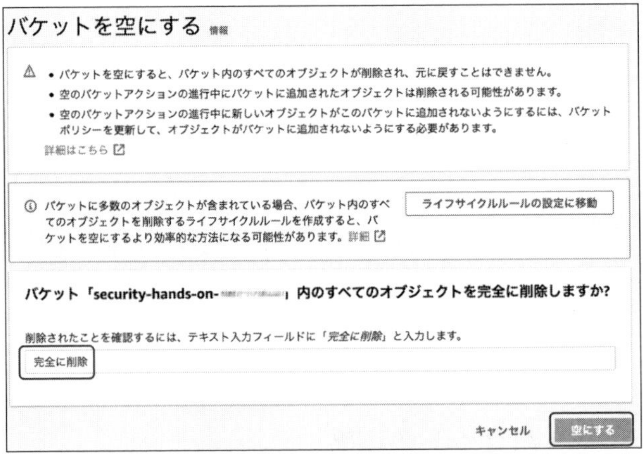

図 10.52　バケット内を空にした直後の画面

4. ステータスを確認してすべて「正常に削除されました」になったことを確認
し、[終了] ボタンをクリックする

図 10.53　バケット内を空にした直後の画面

5. 削除対象のバケット名の左側にあるラジオボタンをチェックして、[削除] ボ
タンをクリックする

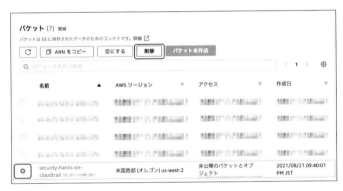

図 10.54　削除対象の S3 バケット選択画面

6. 確認画面でバケット名を入力して [バケットを削除] ボタンをクリックする

図 10.55　削除対象の S3 バケット確認画面

この手順を繰り返して、対象の S3 バケットをすべて削除してください。

10.8.7 IAM ユーザーと IAM グループの削除

IAM の利用料は無料ですが、IAM ユーザーと IAM グループは不要であれば削除します。

本ハンズオンを新規に取得した AWS アカウントで実施されている場合、ルートユーザーで IAM ユーザーを作成し、ほかには IAM ユーザーがいない想定です。操作を行なっている自分自身の IAM ユーザーは作成できないため、ルートユーザーでマネジメントコンソールにログインし直し、作成した IAM ユーザーと IAM グループを削除します。

1. AWS マネジメントコンソールから IAM コンソールへ移動する
2. 削除対象の IAM ユーザーの左側にあるチェックボックスをチェックして、［削除］ボタンをクリックする

図 10.56　IAM ユーザーの削除操作画面

3. 確認画面が出てきたら IAM ユーザー名を入力し［削除］ボタンをクリックする

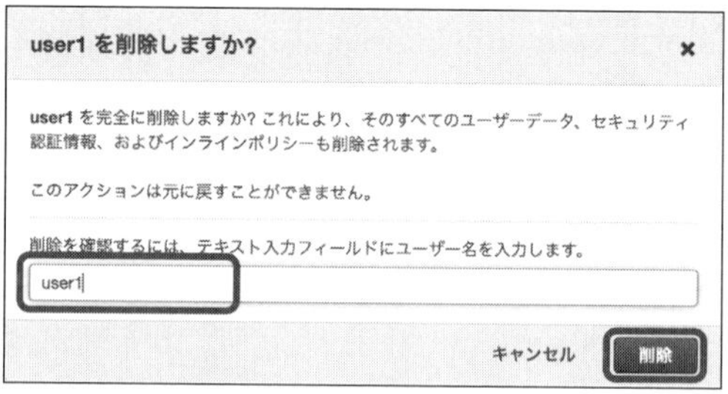

図 10.57　IAM ユーザーの削除確認画面

4. IAM グループも同様に IAM コンソールの左側メニューから「ユーザーグループ」を選択し、削除対象の IAM グループを選択して削除する

以上で代表的な AWS のセキュリティサービスの操作を終えました。

表 10.7　削除項目の一覧

モジュール	利用サービス	操作内容	リソース削除／サービス無効化完了チェック
ID とアクセス権の管理	IAM	□ ルートユーザーの MFA を有効化 □ ルートユーザーのアクセスキー削除 □ IAM パスワードポリシーの適用 □ 個々の IAM ユーザーの作成と IAM グループを使用したアクセス許可の割り当て	□ IAM ユーザーと IAM グループの削除
AWS クラウドの操作履歴の記録	CloudTrail S3	□ CloudTrail ログの保存設定 □ CloudTrail で取得されたイベント履歴の確認 □ CloudTrail ログファイルの確認	□ CloudTrail の証跡削除 □ S3 バケットの削除
AWS アカウントの設定監査の有効化	Config Security Hub	□ Config の有効化 □ Security Hub の有効化 □ Security Hub による AWS アカウントのセキュリティ設定の確認 □ IAM Access Analyzer の有効化 □ IAM Access Analyzer の分析結果の確認	□ AWS Config における記録の停止 □ Security Hub の無効化 □ S3 バケットの削除 □ IAM Access Analyzer の削除
脅威検知の有効化	GuardDuty	□ GuardDuty の有効化 □ GuardDuty による検知内容のサンプル確認	□ GuardDuty の無効化

□　　　　　□　　　　　□

　このハンズオンでは、冒頭で紹介した**表 10.1** に挙げるモジュール別に、AWS クラウド環境における各サービスの具体的な利用手順を学習しました。
　頭で理解していた AWS のサービスのイメージは、実際に操作しても同じだったでしょうか。手を動かすことで知識が整理され、学んだことの一層の理解と定着が進めば幸いです。

第11章
セキュリティ対応環境
の構築、脅威検知／対応

11.1 演習の概要

　2つ目のハンズオンは、AWS サービスを利用したセキュリティ対策の環境構築と、実際の脅威検知と対応がどのようなものかを体験していきます。

11.1.1 利用するサービスと料金

- Amazon GuardDuty
- AWS Security Hub
- AWS Config
- AWS IAM（Identity and Access Management）
- AWS CloudTrail
- Amazon EventBridge
- Amazon Detective（オプション）

　IAM は無料で利用可能です。CloudTrail は最初の証跡作成と管理イベントの記録は無料であり、S3 にイベントデータを記録する場合、その使用量に基づいて S3 の料金が適用されます。S3 は標準ストレージ 5GB まで 12 ヶ月間無料、GuardDuty、Security Hub は無料で 30 日間サービスを利用できます。Config は 2022 年 11 月現在、AWS リージョンごとに、AWS アカウントに記録された設定項目あたり 0.003USD が、Config Rules は 1 評価あたり 0.001USD が課金されます（オレゴンリージョン）

　EC2、VPC、S3 などの AWS サービスに関しては基本的な知識を有している

ことを前提としています。

11.1.2 モジュール構成とハンズオンの流れ

このハンズオンは４つのモジュールで構成されています。

モジュール１：AWS セキュリティサービスを使ったセキュリティ対策環境
の構築
モジュール２：疑似的な攻撃の実行
モジュール３：インシデントの調査と対応
モジュール４：まとめ、環境のクリーンアップ

モジュール１では、第２部で紹介したセキュリティの考え方をベースに、AWS
セキュリティサービスを利用してセキュリティ対策環境を構築していきます。皆
さんが実際に AWS 上でシステムを構築される場合も、アプリケーションの配備
と合わせてこのような環境も構築し、セキュリティ対策を行うことを検討してく
ださい。

モジュール２では、構築したセキュリティ対策環境に疑似的な攻撃を行います。
この結果、攻撃が検知されてアラートが発生します。

モジュール３では、発生したアラートからインシデントの調査と対応を行って
いきます。実際の管理者になったつもりで、攻撃の調査と復旧の対応を体験して
ください。

モジュール４では、このワークショップの内容をまとめ、環境のクリーンアッ
プを行います。

11.1.3 シナリオとシステムのアーキテクチャ

本章のハンズオンでは次のようなシナリオを想定しています。

ある企業ではクラウドの利用を検討しており、試験的に１つのシステムをク
ラウドに移行しました。あなたはシステム管理者で、AWS 環境のセキュリ
ティ対策を任されています。また、その環境におけるセキュリティイベント
への対応も担当しています。

アーキテクチャは次のとおりです。

● このシステムはインターネットを通じてユーザーにサービスを提供している

- Webアプリケーションが稼働するEC2インスタンスはオレゴンリージョン（`us-west-2`）に構築されている
- システムの冗長化は考慮されておらず、単一の公開Webサーバーとなっている[1]。

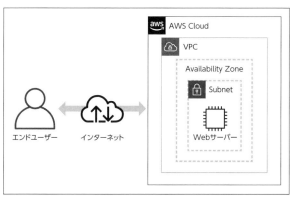

図11.1　ハンズオンのアーキテクチャ

では早速、AWS環境にアクセスしてハンズオンを進めていきましょう[2]。

11.2　モジュール1：検知対応環境の構築

このモジュールでは、検知と対応のためのセキュリティ環境を構築していきます。具体的には、3つのAWSセキュリティサービス（GuardDuty／Config／Security Hub）を有効化し、メール通知や対応自動化のための設定を行います。

用意したAWSアカウント[3]のマネジメントコンソールにログインしたあと、オレゴンリージョン（`us-west-2`）に移動して以降の手順を進めてください。このハンズオンはオレゴンリージョンで行います。手順を実行する際に画面右上で「オレゴン」と表示されていることを確認してください。

---

[1] このシステムはハンズオンの途中で構築されます。
[2] 本ハンズオンは、AWSセキュリティワークショップ「AWS環境における脅威検知と対応」（https://scaling-threat-detection.awssecworkshops.jp/）を参考に、本書に合わせて記載しています。
[3] ハンズオンを実行するアカウントやユーザーについては、10.2節を参考にしてください。

11.2.1 GuardDuty の有効化

　最初に有効化する AWS セキュリティサービスは、GuardDuty です。Guard
Duty は、悪意のある行動や不正な行動がないか、AWS 環境を継続的に監視し
ます。

1. AWS マネジメントコンソールから GuardDuty コンソールに移動する
2. ［今すぐ始める］ボタンをクリックする

図 11.2　GuardDuty 画面

3. 次の画面で、［GuardDuty を有効にする］ボタンをクリックする

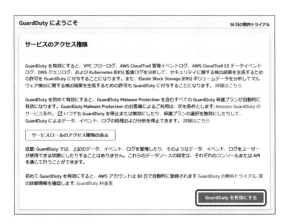

図 11.3　GuardDuty 画面（有効化）

　これで GuardDuty が有効になります。CloudTrail ログ、VPC フローログ、および DNS クエリログの監視が開始され、環境に脅威がないか継続的にチェックが行われます。

11.2.2　Security Hub の有効化

　次に Security Hub [4] を有効にしていきます。AWS 環境のセキュリティ、コンプライアンスの状況を包括的に確認できます。

1. AWS マネジメントコンソールから Security Hub コンソールに移動する
2. ［Security Hub に移動］をクリックする

図 11.4　Security Hub 画面

---

[4] https://aws.amazon.com/security-hub/

3. セキュリティ基準の項目のチェックを外して、［Security Hub の有効化］ボタンをクリックする

図 11.5　Security Hub 画面（有効化）

これで Security Hub が有効になりました。このハンズオンで有効化するセキュリティサービスからの検出結果の収集および集約が開始されます。

11.2.3　CloudFormation テンプレート1の実行

セキュリティ対応を自動的に行うために、このハンズオンでは CloudFormation テンプレートを用意しています。例えば、アラートが発生したときに通知メールを送信したり、攻撃元からの通信をブロックするよう設定を自動で変更する仕組みです。

詳細はのちほど説明しますが、CloudFormation テンプレートを実行します。

1. AWS マネジメントコンソールから CloudFormation コンソールに移動する

2. ［スタックの作成］をクリックする

図 11.6　CloudFormation 画面

3. ［Amazon S3 URL］に次の URL を入力し、［次へ］をクリックする

```
https://s3-us-west-2.amazonaws.com/sa-security-spe
cialist-workshop-us-west-2/threat-detect-workshop
/staging/01-environment-setup-nom.yml
```

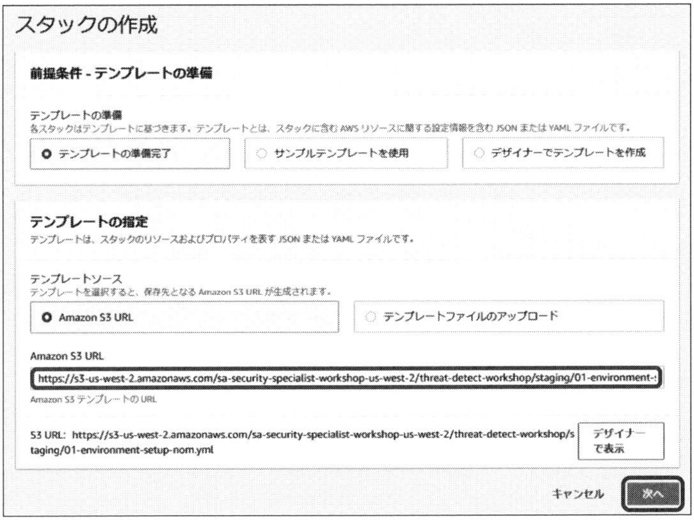

図 11.7　CloudFormation 画面（スタックの作成）

4. 「スタックの名前」に「ThreatDetectionWksp-Env-Setup」と入力し、「パラメータ」の「Email Address」に自分のメールアドレスを入力して、［次

へ］をクリックする（このアドレス宛にアラート通知メールが送信される）

図 11.8 CloudFormation 画面（スタックの詳細設定）

5. スタックオプションの設定画面では、そのまま［次へ］をクリックする
6. 最後に、画面下部にある「AWS CloudFormation によって IAM リソースが カスタム名で作成される場合があることを承認します。」のチェックボックスを有効にし、［送信］をクリックする

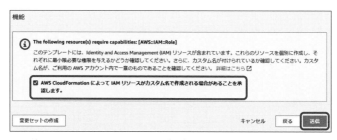

図 11.9 CloudFormation 画面（IAM リソース作成の承認とスタック作成）

7. CloudFormation コンソールに戻る

先に進む前にページを更新して次のようにスタックのステータスが「CREATE_COMPLETE」になったことを確認してください（2分程度かかります）。

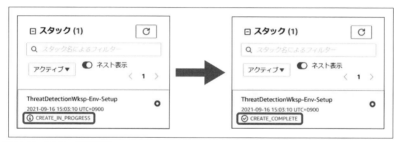

図11.10　スタックの作成

11

11.2.4　メールの通知の設定

さきほど登録したメールアドレスに対してメールが1通届いているはずです。これはSNSからのサブスクリプション登録を確認するメールです。ハンズオン中にアラートメールを受信できるようにこの登録を許可します。

1. 登録したメールアドレスを確認する。SNSからサブスクリプションの確認メール（タイトル：AWS Notification - Subscription Confirmation）が届くので、「Confirm subscription」のリンクをクリックする

図11.11　SNS通知の登録メール

2. 次のような画面で「Subscription confirmed!」と表示され、登録が完了したことを確認する

図 11.12　SNS 通知の登録完了

　メールが届くまでに 2～3 分かかる場合があります。届かない場合は、スパムメールとされている場合もあります。必要に応じて、スパムメールフォルダ等を確認してください。

11.2.5　Config Rules 評価結果のメール通知の設定

　のちほど有効化する Config についても、アラートメールを受け取れるように設定しておきます。具体的には、Config で出力されるログ（CloudWatch Event）に対して、指定した条件のログがあったときに自動的に処理をするような設定です。
　この設定には EventBridge を利用します。EventBridge は、CloudWatch Events の拡張サービスです。

1. AWS マネジメントコンソールから EventBridge コンソールに移動する
2. ［イベントブリッジルール］を選択した状態で、[ルールを作成] をクリックする

図 11.13　EventBridge 画面

3. 「名前」に「post_snstopic_configrule」と入力し、ルールタイプ［イベントパターンを持つルール］を選択した状態で、［次へ］をクリックする

図 11.14 EventBridge 画面（ルールの名前設定）

4. 「イベントパターンを構築」で次の設定を入力して、［次へ］を押す。
    イベントソース：AWS イベントまたは EventBridge パートナーイベント
    サンプルイベントタイプ：AWS イベント
    サンプルイベント：選択なし
    作成のメソッド：パターンフォームを使用する
    イベントパターン：
        イベントソース：AWS のサービス
        AWS のサービス：Config
        イベントタイプ：Config Rules Compliance Change

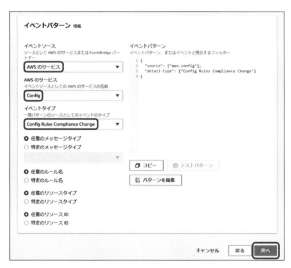

図 11.15 EventBridge 画面（パターンの定義設定）

5. 「ターゲットを選択」で、ターゲットタイプ［AWS のサービス］、ターゲッ
   ト［SNS トピック］を選択し、トピックに［threat-detection-wksp］を選
   択したあと、［次へ］をクリックする

図 11.16 EventBridge 画面（ターゲットの選択）

6. 「タグを設定 - オプション」画面でそのまま［次へ］をクリックし、「レ
   ビューと作成」画面で［ルールの作成］をクリックする

これで Config Rules でコンプライアンス状況の変化を検知した際に、SNS ト
ピックを通じて、管理者に通知メールが送られるようになります。

11

11.2.6　Config の有効化と Config Rules の設定

最後に有効化する AWS セキュリティサービスは Config です。Config は AWS
リソースの構成変更を継続的に記録したり、その内容を評価するセキュリティサー
ビスです。例えば、ある日時の設定内容を後追いで確認したり、意図しない設定
を誤って行った際の通知を行うことができます。
　ここでは Config を有効化するとともに、S3 バケットの外部公開の設定を評価
する Config Rule を設定しておきます。

1. AWS マネジメントコンソールから Config コンソールに移動する
2. ［今すぐ始める］をクリックする（第 10 章のハンズオンを実施された場合
   は本項の末尾の対応をご確認ください）

図 11.17　Config 画面

3. ［次へ］をクリックする

図 11.18　Config 設定画面（一般設定）

4. 「AWS マネージド型ルールの検索」ウィンドウに「s3-bucket」と入力し、S3 に関連する AWS マネージド型ルールを検索する。表示されたルールから、［s3-bucket-level-public-access-prohibited］にチェックを入れて［次へ］をクリックする

図 11.19　Config 設定画面（マネージド型ルール選択）

5. ［確認］をクリックする。設定が適用されたあと、ダッシュボードが表示される

図 11.20　Config 設定レビュー画面

　第 10 章のハンズオン実施後に本ハンズオンを行うと Config の［今すぐ始める］のボタンが表示されません（コンソール上では「ダッシュボードを表示する」と表現されています）。その場合は Config コンソール上で次の手順に従ってください。

1. 左のナビゲーションから「ルール」を選択
2. ［ルールを追加］をクリック
3. ［AWS マネージド型ルールの検索］ウィンドウに「s3-bucket」を入力し、S3 に関連する AWS マネージド型ルールを検索
4. 表示されたルールから、［s3-bucket-level-public-access-prohibited］にチェックを入れて［次へ］をクリック
5. ［次へ］をクリック
6. 「確認と作成」画面で［ルールを追加］をクリック
7. 左のナビゲーションから「設定」を選択
8. 右上の［編集］をクリック
9. ［記録を有効化］にチェックを入れる
10. 第 10 章のハンズオンの最後で Config 用の S3 バケットを削除しているため、［配信方法］の［Amazon S3］バケットで改めて［バケットの作成］を選択し、［S3 バケット名］に任意の固有名称を入力する
11. ［保存］をクリック

11.2.7 モジュール1のまとめ

以上でセキュリティ環境が構成され、検知と調査の体制が整いました。セキュリティ対策の構成は図 11.21 のようになっています。

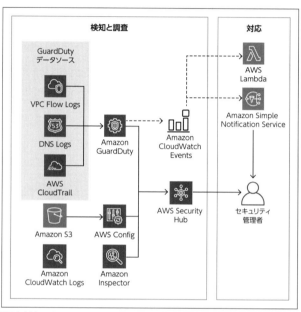

図 11.21　検知と対応のためのセキュリティ環境

検知と対応のためのセキュリティ環境を構築することができました。左側に検知と調査、右側に対応とそれぞれの役割の AWS サービスが配置されています。有効化したサービス（GuardDuty や Security Hub）が連結されており、ログやアラートの送信（実線矢印）や、処理の自動化（破線矢印）が行われていることをこの図で確認してください。

11.3　モジュール2：疑似的な攻撃の実行

このモジュールでは CloudFormation テンプレートを実行して、疑似的な攻撃を発生させていきます [5]。

---

[5] あくまで疑似的なもので実際の攻撃ではありません。安心して実行してください。

11.3.1 CloudFormation テンプレート 2 の実行

1. AWS マネジメントコンソールから CloudFormation コンソールに移動する
2. ［スタックの作成］をクリックする

図 11.22　CloudFormation コンソール

3. 「Amazon S3 URL」に次の URL を入力し、［次へ］をクリックする

```
https://s3-us-west-2.amazonaws.com/sa-security-specia
list-workshop-us-west-2/threat-detect-workshop/staging
/02-attack-simulation-nom.yml
```

図 11.23　CloudFormation 設定画面（テンプレートの指定）

4. ［スタックの名前］に「ThreatDetectionWksp-Attacks」を入力して［次

へ］をクリックする

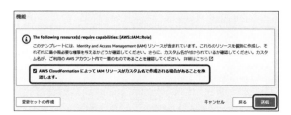

図 11.24 CloudFormation 設定画面（名前とパラメータの指定）

5. スタックオプションの設定画面では、［次へ］をクリックする
6. 最後に、画面下部にある［AWS CloudFormation によって IAM リソースが
   カスタム名で作成される場合があることを承認します。］のチェックボック
   スを有効にし、［送信］をクリックする

図 11.25 CloudFormation 設定画面（レビューとスタック作成）

7. CloudFormation コンソールに戻る

　先に進む前に、ページを更新して図 11.26 のようにスタックのステータスが
「CREATE_COMPLETE」になったことを確認してください。およそ 4 分程度
かかります。

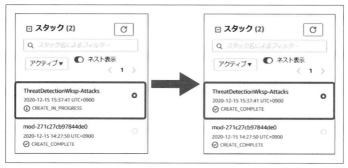

図 11.26　CloudFormation デプロイ画面

11.3.2　モジュール 2 のまとめ

　CloudFormation のスタック作成が完了すると、アーキテクチャは下記のようになっています。

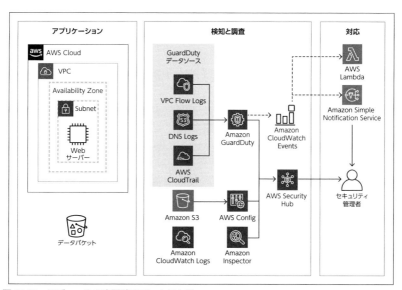

図 11.27　モジュール 2 完了時のアーキテクチャ

　モジュール 1 で作成した「検知と対応のためのセキュリティ環境」に加えて、左側にユーザーへサービスを提供している Web サーバー環境が作られました。ま

たこの図には載せていませんが、この Web サーバーへ仮想的な攻撃を行う環境
も作られています。

仮想的な攻撃が自動的に開始されますので、40 分程度時間をおいてモジュール
3 に進んでください。そのあいだに、AWS セキュリティサービスが疑似的な攻
撃を検知し、アラートを上げてくるはずです。

11.4 モジュール 3：検知と調査、対応

モジュール 3 では疑似的な攻撃で発生したアラートを元に、インシデントレス
ポンスを行います。つまり、検知したアラートを確認して、その調査を行い、必
要であれば対応をしていきます。具体的には次のようなシナリオです。

> あなたはメールでセキュリティアラートを受け取りました。悪意のある行動
> があったこと示すアラートです。Web サーバーのセキュリティ対策が適切で
> ないため、攻撃者にアクセスを許してしまった可能性があるようです。

これらのアラートには、S3 バケット設定の変更や、EC2 インスタンスから評
判の悪い IP アドレスへの通信、アカウント偵察およびセキュリティ設定の無効
化の内容が示されています。

侵入者のアクセスをブロックして、脆弱な部分を修復し、構成を正しい状態に
戻していきます。そのために、侵入者がどんなことを実行した可能性があるか、
どのような方法で実行したかを確認していきます。

11.4.1 S3 バケットの構成変更への調査／対応

メールボックスには何件かのアラートメールが来ています。GuardDuty が検
出したもの（GuardDuty Finding）もあれば、Config による S3 バケットのコ
ンプライアンス状態が変化したという通知メールもあります。

まずは、S3 バケットの構成変更の影響が大きいと判断し、この確認から行って
いきます[6]。

---

[6] メール本文が JSON ですこし分かりにくいですが、設定により本文のカスタマイズが可能で
す。

図 11.28　アラート通知メール

1. AWS マネジメントコンソールから Config コンソールに移動する
2. ダッシュボードで、コンプライアンス状況「s3-bucket-level-public-access-prohibited」のルールによって 3 件の非準拠リソースが検出されていることを確認する。[s3-bucket-level-public-access-prohibited] ルールをクリックし、該当する S3 バケットを調査する

図 11.29　Config ダッシューボード（非準拠ルール）

　3 個のバケットに対してパブリック読み取りのアクセスが許可されていることと、その中には Web サーバーのシステムで利用している S3 バケットも含まれていることが確認できます。

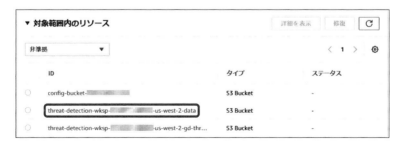

図 11.30　Config 画面（非準拠リソースの確認）

影響を抑えるために、まずバケットのパブリック読み取りアクセス設定を変更しましょう。

1. 「threat-detection-wksp-」で開始し「-data」で終了するバケットを見付けてクリックする
2. 画面右上の［リソースの管理］をクリックする。S3 コンソールに画面が移り、対象のバケットの内容が表示される

図 11.31　Config 画面（リソースの確認）

3. 「アクセス許可」タブをクリックしてから［ブロックパブリックアクセス］の［編集］をクリックする

図 11.32　バケット画面（アクセス許可）

4. ［パブリックアクセスをすべてブロック］を有効にし、［変更の保存］をクリックし、「確認」を入力してクリックし、設定を有効にする

図 11.33　バケット設定画面（パブリックアクセス編集）

5. アクセス許可の概要で、アクセスが［非公開のバケットとオブジェクト］と表示されていることを確認する

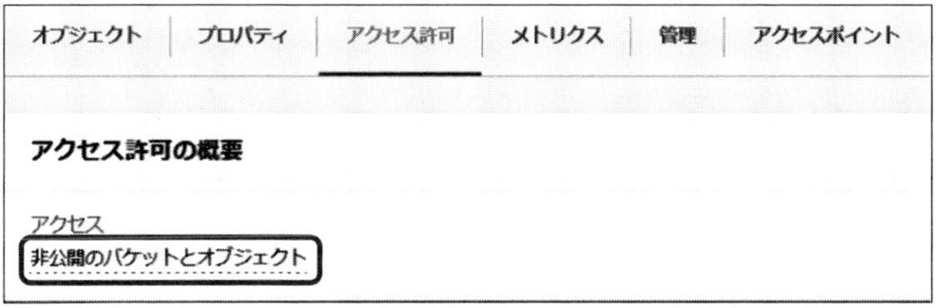

図 11.34　バケット画面（パブリックアクセス確認）

これで攻撃者が変更したアクセス権を修復することができました。

11.4.2 EC2 インスタンス侵害への調査／対応

取り急ぎ S3 バケットの公開に対処しましたが、誰がどのように構成変更を行ったのでしょうか。さらに調査を進めていきます。

アラートメールを見ると GuardDuty が何件かの不審な動作を検出しています。EC2 インスタンスに対して SSH ブルートフォース攻撃を受けたことが示されているので、この調査をしていきましょう。

図 11.35　セキュリティ通知メール（Guard Duty アラート）

■ EC2 インスタンスの SSH 認証方式を確認

このワークショップの環境では、GuardDuty が特定の攻撃を検出したときに EC2 インスタンスの Inspector [7] スキャンをトリガーする CloudWatch イベントルールがあらかじめ設定されています。

これは、第 9 章で解説したインシデント対応の自動化のテクニックのひとつです。検知アラートによって、調査で必要となる情報を自動的に収集しておき、対応を素早く行うことができます。

Security Hub を使用して Inspector からの検出結果を確認したあと、次の手順で SSH の構成がベストプラクティスに従っているかどうかを確認していきます。

1. AWS マネジメントコンソールから Security Hub コンソールに移動する

---

[7] https://aws.amazon.com/inspector/

2. 左のナビゲーションの「検出結果」をクリックする

図 11.36　Security Hub 画面

3. ［フィルタの追加］ボックスをクリックし、スクロールして［製品名］を選択し、［次と同じ］の右に「Inspector」を入力して［Apply］をクリックする[8]

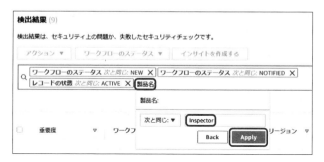

図 11.37　Security Hub 画面（検出結果のフィルタ）

4. ブラウザの検索機能（[Control] + [F]）を使用し、「password authentication over SSH」を検索
5. 調査結果が最初のページにない場合は［>］をクリックし、次のページに移動して検索を続ける
6. SSH に関連する検出結果、および SSH ブルートフォース攻撃を受けたインスタンスのパスワード認証に関連する検出結果「Instance i-0123456789

---

[8] 何も表示されない場合は、「Inspector」の前後にスペースが入っていないか確認してください。

is configured to support password authentication over SSH」をクリックして確認する

図 11.38　Security Hub 画面（検出結果の確認）

検出結果の内容を確認すると、このインスタンスでは SSH によるパスワード認証が設定されていることが分かります。

さらに、Inspector のほかの検出結果をいくつか調べると、パスワードの複雑さの制限がないもの（No password complexity mechanism or restrictions are configured on instance～）も見付かります。この調査結果から、このインスタンスはどうやら SSH ブルートフォース攻撃に弱い状態になっているようです。

● 攻撃者が EC2 インスタンスにログインできたかどうか判断する

続いて CloudWatch ログを調べて、この攻撃が成功してしまったか（SSH ログインが成功したか）を確認しましょう。このワークショップでは、EC2 インスタンスの OS のセキュリティログを CloudWatch に送信する構成になっています。

1. AWS マネジメントコンソールから CloudWatch に移動する
2. 左のナビゲーションの「ログ」配下にある「ロググループ」をクリックする

図 11.39　CloudWatch 画面

3.　[/threat-detection-wksp/var/log/secure] をクリックする

図 11.40　CloudWatch 画面（ロググループの選択）

4. 表示されたログストリームをクリックし、次の画面の上部の［イベントを
フィルタ］ボックスに、次のフィルターパターンを入力する

```
[Mon, day, timestamp, ip, id, msg1= Invalid, msg2 = user,
...]
```

5. ログイン試行のログがフィルタリングされて表示される

どんなログがあるか確認してみましょう。

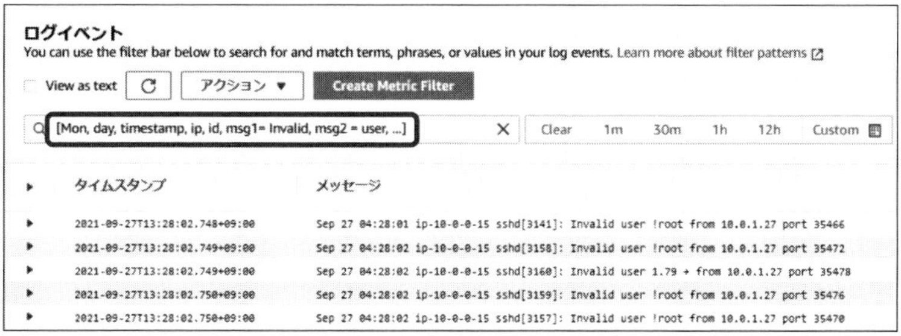

図 11.41　CloudWatch 画面（ログイベントのフィルタ）

　ほとんどのログは「Invalid user」と表示されていることから、無効なユーザー
として SSH ログインに失敗しているようです。フィルターパターンを次のよう
に置き換えて、ログインの成功のみ表示させてみます。

```
[Mon, day, timestamp, ip, id, msg1= Accepted, msg2 = password,
...]
```

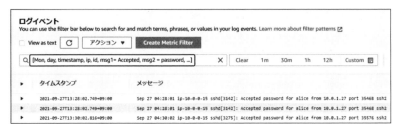

図 11.42　CloudWatch 画面（SSH ログインに成功したログ）

　aliceというユーザーがログインしていることを確認できます。さらに、接続元の IP アドレスを見るとこの SSH ブルートフォース攻撃元と同じアドレスであることが分かります。残念ながらこの SSH ブルートフォース攻撃は成功してしまったようです。

● EC2 セキュリティグループの変更

　この会社では EC2 インスタンスの管理は Systems Manager [9] で行う運用ポリシーにしています。今回はなぜか SSH のポートが開いていましたが、本来これは不要な設定です。

　EC2 インスタンスのセキュリティグループを変更して、攻撃者が SSH 接続できないように対応しましょう。

1. AWS マネジメントコンソールから EC2 コンソールに移動する
2. threat-detection-wksp:Compromised Instance という名前の実行中のインスタンスを見付けて選択する

---

[9] https://aws.amazon.com/systems-manager/

3. 画面下の「セキュリティ」タブをクリックし、セキュリティグループをクリックする

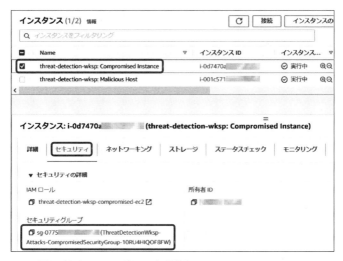

図 11.43　EC2 画面（セキュリティグループの選択）

4. 「インバウンドルール」タブをクリックし、ルールを表示したあと、[インバウンドのルールを編集] をクリックする

図 11.44　EC2 画面（インバウンドルールの選択）

5. SSH ルールを削除して、[ルールを保存] をクリックする

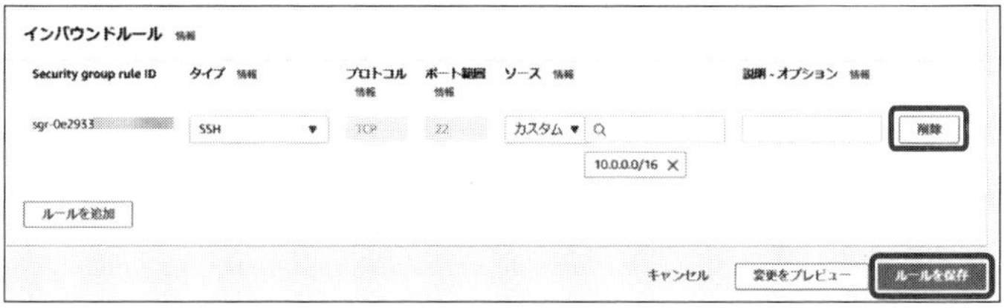

図 11.45　EC2 画面（インバウンドルールの修正）

11.4.3 IAM 認証情報の侵害への調査

ここまでの調査と対応で、攻撃者の侵入方法がすこしずつ分ってきました。EC2 インスタンスに侵入を許したということは、EC2 インスタンスに付与されていた IAM 認証情報（IAM ロール）が悪用された可能性があります。

今度は GuardDuty が検出したアラートから、IAM 関連の検出結果を見ていきます。

受信したアラートメールから、IAM プリンシパルに関連するアラートを見付けます。メールの件名は「AWS Notification Message」、本文に「Amazon Guard Duty Finding: UnauthorizedAccess:IAMUserMaliciousIPCaller.Custom」と記載されています。

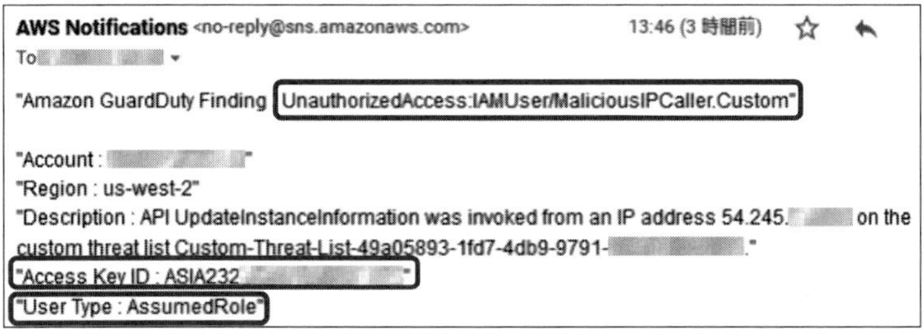

図 11.46　SNS からのセキュリティアラート通知メール

このメールの文面を確認すると、この Access Key ID は一時的なセキュリティ認証情報（Assumed Role）であると分かります。

● アクセスキーに関連する検出結果の調査

このアクセスキー ID の情報から、GuardDuty を使用して検出結果の調査をしていきましょう。メールからアクセスキー ID をコピーしておきます。

1. AWS マネジメントコンソールから GuardDuty コンソールに移動する
2. ［フィルタの追加］ボックスをクリックする。［アクセスキー ID］を選択し、メールからコピーしたアクセスキー ID を貼り付ける
3. 検出結果の［UnauthorizedAccess:IAMUser/MaliciousIPCaller.Custom］をクリックし、画面右のナビゲーションを開く

4. ［情報］をクリックして、このアラートの意味を確認しておく

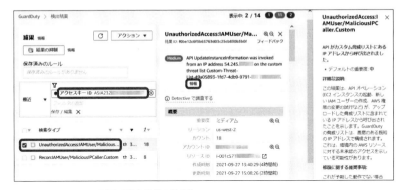

図 11.47　GuradDuty 画面（検出情報の確認）

評価の悪い IP アドレスから API が呼び出されたので検出されたことが確認できます。画面中央の［影響を受けるリソース］の項目を確認していきましょう。

- instanceID は、今回侵入された EC2 インスタンスと同一になっている
- IAM instance profile も確認する

「ID」は、この IAM ロールの IAM 識別子[10] です。

「ARN」は、侵害された IAM ロールの Amazon リソース名（ARN[11]）です。この文字列には関連する IAM ロール名が含まれています（下記例の太字の部分）。

arn: arn:aws:iam::1234567890123:instance-profile/**threat-detection-wksp-compromised-ec2**-profile

これはこのセキュリティ認証情報が、EC2 インスタンスにアタッチされた IAM ロールによって生成されたものだからです。

のちほどこの情報を利用するので、この2つの情報をコピーしてメモしておきます。

---

[10] https://docs.aws.amazon.com/IAM/latest/UserGuide/reference_identifiers.html#identifiers-unique-ids

[11] https://docs.aws.amazon.com/general/latest/gr/aws-arns-and-namespaces.html

図 11.48　GuradDuty 画面（影響を受けるリソースの確認）

■ IAM ロールセッションの取り消し

EC2 の IAM ロールによって付与された一時セキュリティ認証情報を攻撃者が使用していたことが明確になりました。これ以上悪用される可能性を防ぐために、認証情報をローテーションすることにします。

1. AWS マネジメントコンソールから IAM コンソールに移動する
2. 左のナビゲーションにある［ロール］をクリックする

図 11.49　IAM 画面（IAM ロールへの移動）

3. 検索ウィンドウに「threat」と入力し、侵入されたインスタンスによって付与されていたロール（threat-detection-wksp-compromised-ec2）を見付け、クリックする

図 11.50 AM 画面（IAM ロールの選択）

4. 「セッションを取り消す」タブをクリックする
5. ［アクティブなセッションの無効化］をクリックする

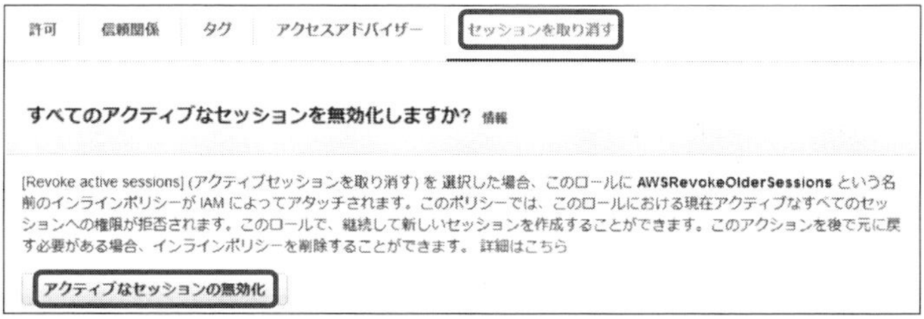

図 11.51 IAM 画面（セッションの無効化）

6. 確認のチェックボックスをクリックし、［アクティブなセッションの無効化］をクリックする

■ EC2 インスタンスを再起動してアクセスキーをローテート

これで侵害された IAM ロールの認証情報は無効になり、攻撃者はこのアクセスキーを使用できなくなりました。ただし、このロールを使用するアプリケーションも同様にアクセスキーを使用できなくなっています。

アプリケーションへの影響を避けるために、インスタンスを停止後に改めて起動して、インスタンスのアクセスキーをリフレッシュします。一定時間経過する

ことでも自動でリフレッシュされますが、この再起動によってすぐ変更すること
ができます。また念のため、再起動後にアクセスキーがローテーションされたこ
とを確認しておきましょう。これは Systems Manager を使用して EC2 インス
タンスのシェルにアクセスして確認します。

1. AWS マネジメントコンソールから EC2 コンソールに移動して、[threat-
detection-wksp:Compromised Instance]という名前のインスタンスを選
択する。右クリックして[インスタンスを停止]を選択し、確認画面で[停
止]をクリックする

図 11.52　EC2 画面（インスタンスの停止）

2. インスタンスの状態が[停止済み]になるまで待ってから（リロードボタン
のクリックが必要な場合もあります）、インスタンスを起動するために、
さきほどのインスタンスを選択した[インスタンスの状態]から[インスタ
ンスを開始]をクリックする。ステータスチェックが「2/2 のチェックに合
格しました」と表示されるまで待ち、次に進む

● アクセスキーのローテートを確認

アクセスキーが無事にローテートされたか確認しましょう。

1. Systems Manager コンソールに移動し、左のナビゲーションにある「セッションマネージャー」をクリックし、[セッションを開始する] ボタンをクリックする

図 11.53　Session Manager 画面

2. . ターゲットインスタンスとして、[threat-detection-wksp: Compromised Instance] というインスタンスが表示される。この [threat-detection-wksp: Compromised Instance] の横にあるラジオボタンを選択し、[セッションを開始する] をクリックし、この EC2 インスタンスにログインする

図 11.54　Session Manager 画面（EC2 インスタンスへのログイン）

3. シェルで次のコマンドを実行する（マウスの右クリック→貼り付けで、セッションマネージャーのコンソール画面にペーストできます）。これは、EC2 のインスタンスメタデータ[12] を表示する方法で、実行中のインスタンスの設定や管理情報を確認できる（ここでは、EC2 インスタンスが保持してい

---

[12] https://docs.aws.amazon.com/ja_jp/AWSEC2/latest/UserGuide/ec2-instance-metadata.html

るセキュリティ認証情報を表示しています）

```
curl http://169.254.169.254/latest/meta-data/iam/ ⇒
security-credentials/threat-detection-wksp-compromised-ec2
```

4. ［AccessKeyId］の項目を見付け、さきほど取り消したアクセスキー ID（侵害されたセッション）と異なる ID になっていることを確認する

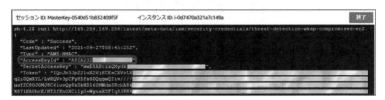

図 11.55　Session Manager 画面（アクセスキー ID の確認）

　これで、侵害された IAM ロールのセッションが正常に取り消され、EC2 インスタンスの一時セキュリティ認証情報が更新されたことを確認できました。

11.5　モジュール 4：調査で分かったこと

　インシデントの調査と対応、お疲れさまでした。このモジュールでは、調査で分かったことをまとめて、どんな攻撃が起こったのかを解説していきます。ワークショップ全体のアーキテクチャは図 11.56 のようになっています。

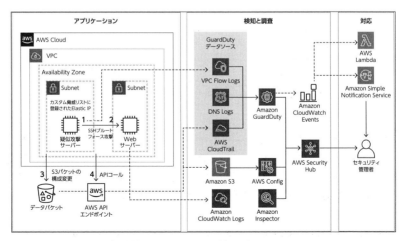

図 11.56　ワークショップの全体アーキテクチャと攻撃の流れ

11

　モジュール 2 の CloudFormation テンプレートの実行によって、攻撃者の役割をもったインスタンス（疑似攻撃サーバー）が作成されました。このインスタンスは同じ VPC 内の別のサブネットにありますが、シナリオ上はインターネットに存在するものとしています。同時に、攻撃者のインスタンスの IP アドレスは、GuardDuty のカスタム脅威リストに登録されています。

`11.5.1` 攻撃時に何が起きたか

　それでは攻撃の流れを見ていきましょう。攻撃者によって何が行われたのかという視点と、AWS のセキュリティサービスでどんな検知が行われたかという視点で流れを追ってみてください。

- 1：SSH ブルートフォース攻撃の開始
  攻撃者のインスタンスが、Web サーバーのインスタンスに対して SSH ブルートフォース攻撃を行いました。この攻撃は成功するように設計されています。この攻撃は GuardDuty の検出結果「UnauthorizedAccess:EC2/SSHBruteForce」で知ることができました。

- 2：SSH ブルートフォース攻撃の成功
  SSH ブルートフォース攻撃が成功し、攻撃者が Web サーバーのインスタンスにログインできました。ログインの成功は CloudWatch ログ（`/threat-detec` `tion-wksp/var/log/secure`）で確認できました。また、EC2 インスタンスの SSH の設定内容を調査するために、Inspector のスキャン結果も利用しました。このスキャンは GuardDuty のアラートから自動的に実行され、結果をすぐに確認することができました。

- 3：S3 バケットの設定変更
  EC2 インスタンスへログインした攻撃者は IAM の認証情報を取得し、S3 バケットの設定変更を行いました。この変更は Config Rules の評価「s3-bucket-level-public-access-prohibited」で知ることができました。また、今回は取り上げませんでしたが、悪意のある送信元からの API 操作として、GuardDuty の検出結果「UnauthorizedAccess:S3/MaliciousIPCaller.Custom」としてもアラートが上がっています。

- 4：そのほかの攻撃者の行動
  攻撃者は取得した IAM 認証情報を使って、そのほかにも API コールを行いました。この攻撃は GuardDuty の検出結果「UnauthorizedAccess:IAMUser/MaliciousIPCaller.Custom」によって知ることができました。

11.5.2 解説

本ワークショップに関して幾つかの補足事項を解説します。

■ 本番環境で利用されるリスト

このワークショップの環境では、攻撃者のインスタンスの IP アドレスが Guard Duty のカスタム脅威リストに登録されていたため、GuardDuty で検出結果が生成されました。実際の利用環境では、インターネット上の評価の低い IP アドレスを集めたリストを GuardDuty が持っており、この情報を利用して脅威検知を行っています。

■ アラートの重大度の違い

GuardDuty は SSH ブルートフォース攻撃について 2 つ検知を行っています。ひとつは攻撃を受けたアラートですが、もうひとつは「EC2 インスタンスが SSH 攻撃を行っている」というものです。これは攻撃者のインスタンスの挙動に対するもので、自分の所有するインスタンスが攻撃を行っていることを知らせるものです。これはインスタンスの乗っ取りなどが疑われるため、GuardDuty のアラートでもより重大なものとして扱われています。時間があれば、GuardDuty の検出画面でこの 2 つのアラートの重大度を見比べてみてください。

■ 実際の運用における確認事項

EC2 インスタンスへの SSH ブルートフォース攻撃が確認されたあとは、AWS 環境の侵害を中心に対応を行いました。実際にはこのほかにも OS レベルの調査が必要なのでご注意ください。例えば、「侵害された alice はどんなユーザーだったか」、「どこへアクセスしたか」、「権限昇格はされなかったか？」、「データの持ち出しはなかったか」、「マルウェア等を感染させなかったか」などの確認が必要です。

■ CloudWatch イベントルール

このワークショップの環境では、GuardDuty の検出結果によって自動的に実行される CloudWatch イベントルールがいくつか設定されています。

- GuardDuty 検出結果によって、SNS によるメール送信を行う CloudWatch イベントルール

- 「Unauthorized Access Custom MaliciousIP」の検出結果によって、NACL を変更して攻撃者の IP アドレスをブロックする Lambda 関数と CloudWatch イベントルール

実際のインシデント対応の自動化に役立ちますので、時間がある方はこの設定内容も確認してみてください。

11

11.6 Detective を使った調査

このモジュールはオプションです。Detective を利用してさきほど行った調査をより効率的に行います。環境が許す方はぜひ体験してみてください。

モジュール 3 で対応と検知を体験しましたが、こう思った方もいらっしゃるかもしれません。

攻撃者は S3 バケットの構成変更などを行ったが、ほかには悪いことをしなかったのか？

そうです。侵害された IAM 認証情報を使ってほかに攻撃がなかったのか確認する作業も、インシデント対応では大切な作業です。このオプションモジュールでは、Detective を有効にして、IAM 認証情報の視点でログを横断的に確認してみましょう。

11.6.1 Detective の有効化

このサービスは GuardDuty の有効にして 48 時間が経過している必要があります。そのため、今回のワークショップで GuardDuty を初めて有効にした方は、しばらくそのままにしておく必要があります。

1. AWS マネジメントコンソールから Detective コンソールに移動する

2. 右のナビゲーションにある [開始方法] をクリックし、次のページで [Amazon Detective を有効化] をクリックする

図 11.57　Detective 画面

3. AWS マネジメントコンソールから GuardDuty コンソールに移動する。新しい検出結果が発生し Detective に記録されるまでしばらく待つ（1 時間程度）

4. 「UnauthorizedAccess:IAMUser/MaliciousIPCaller.Custom」の検出結果を選択し、右ナビゲーションの [Detective で調査する] をクリックしたあと、[ロールセッション] のリンクをクリックする

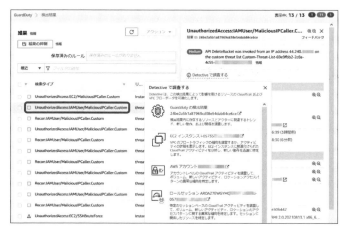

図 11.58　GuradDuty 画面（Detective による調査へ移動）

5. Detective に画面が移り、このロールセッションについての情報が表示される（関連する結果が表示されない場合は、Detective に記録されるまで時間

をおいてください）【13】

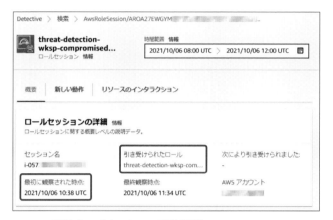

図 11.59　Detective 画面（ロールセッションの詳細情報）

6. 画面下部の「全体的な API 呼出し量」のグラフを確認する。このロールセッションで呼び出された API の数が時系列で表示される。成功したものが 9 件あることや、80% 近くの API 呼出しが失敗していることが確認できる。グラフの緑色の部分をクリックする

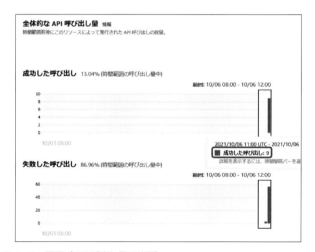

図 11.60　Detective 画面（API 呼出し量の確認）

【13】関連する IAM ロールの名前、いつからこのログが観察されているのかも確認できます。

7. 「観測された IP アドレス」に、このロールセッションで観測された IP アドレスが表示される（この IP アドレスから API 呼出しが行われた様子が確認できます）

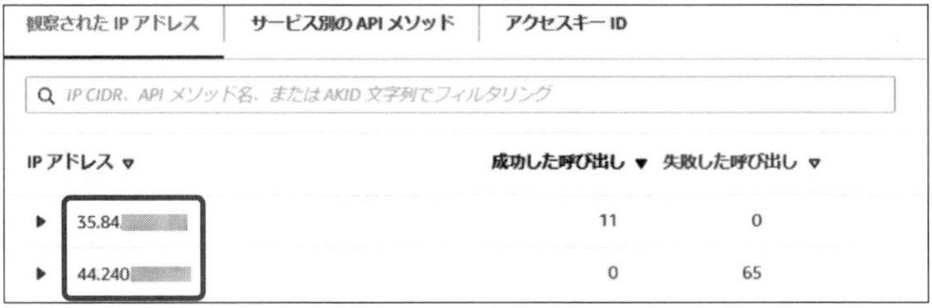

図 11.61　Detective 画面（接続された IP アドレスの確認）

8. 「サービス別の API メソッド」をクリックする。このロールセッションでどのような API が呼ばれたかを横断的に確認することができる

11.6.2　攻撃内容の確認

どうやら攻撃者は SSM（Systems Manager）と S3 に対して API 操作を行ったようです。また右側の情報から、SSM の UpdateInstanceInformation などの API が成功した一方、S3 への ListBuckets などの API 呼出しは失敗したことが確認できました。

図 11.62　Detective 画面（サービス別の API メソッドの確認）

このように、セッションロールや IP アドレスなど、特定の項目を軸として、ど

んな動作があったかを横断的に確認したり、アクセスの量を時系列に視覚化できるのが、Detective の特徴的な機能です。

　もちろん、CloudTrail で記録されたログを検索することでも同様の確認ができますが、インシデント対応で必要となる情報をすぐに確認でき、マルチアカウント環境でもログを集約して確認できるなど、SOC（Security Operation Center）で行うような調査を手軽にできるのが Detective のメリットです。

11

11.7　リソースの削除

　このハンズオンは終了時に忘れずにクリーンアップしてください。AWS アカウントで作成したものを実行中のまま忘れてしまうと料金が発生します。

11.7.1　メール登録の解除

管理者への通知メールの登録を解除します。

1. 通知メールを 1 つ開き、メール本文の下にある ［If you wish to stop receiving notifications from this topic, please click or visit the link below to unsubscribe］ のリンクをクリックする
2. ブラウザで「Subscription removed!」と表示されたことを確認する

図 11.63　SNS の通知メール登録解除

11.7.2　Inspector のオブジェクトの削除

1. AWS マネジメントコンソールから Inspector コンソールに移動する
2. 左のナビゲーション「Inspector Classic に切り替える」をクリックし、［評価ターゲット］をクリックする

3. threat-detection-wksp で開始するものをすべて削除する

図 11.64　Inspector 画面（評価ターゲットの削除）

11.7.3　ロールの削除

　侵害された EC2 インスタンスの IAM ロールおよび Inspector のサービスリンクドロールを削除します。

1. AWS マネジメントコンソールから IAM コンソールに移動する
2. 「ロール」をクリックする
3. フィルタウィンドウに「threat」と入力して、threat-detection-wksp-compromised-ec2 ロールを探す
4. このロールの横にあるチェックボックスをクリックし、［削除］をクリックする

図 11.65　IAM 画面（IAM ロールの削除）

5. 確認画面で、「threat-detection-wksp-compromised-ec2」と入力し［削除］
   をクリックする

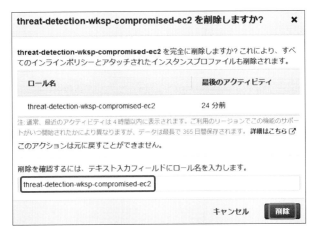

図 11.66　IAM 画面（IAM ロールの削除確認）

6. ［AWSServiceRoleForAmazonInspector］という名前のロールに対して、
   このステップを繰り返す

図 11.67　IAM 画面（IAM ロールの削除）

11.7.4　S3 バケットの削除

　CloudFormation テンプレートによって作成された 3 つの S3 バケット（「threat-detection-wksp」から始まり、「-data」、「-threatlist」、「-logs」で終了するバケット）を削除します。

1. AWS マネジメントコンソールから S3 コンソールに移動する
2. ［threat-detection-wksp-(中略)-logs］をクリックして、［空にする］をクリックする

図 11.68　S3 画面（バケットを空にする）

3. 確認画面で、「完全に削除」と入力し、［空にする］をクリックする

図 11.69　S3 画面（確認）

4. ［削除］をクリックする

図 11.70　S3 画面（バケットの削除）

5. 確認画面で、バケットの名前を入力し、［バケットを削除］をクリックする

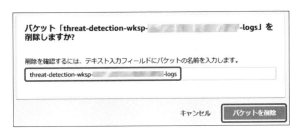

図 11.71　S3 画面（バケットの削除確認）

6. 残りの 2 つのバケット（-data、-threatlist）に対しても、同じステップを繰り返して削除する

11.7.5　スタックの削除

CloudFormation で作成された 2 つのスタック（ThreatDetectionWksp-Attacks および ThreatDetectionWksp-Env-Setup）を削除します。

1. AWS マネジメントコンソールから CloudFormation コンソールに移動する

2. ［ThreatDetectionWksp-Attacks］スタックを選択して、［削除］をクリックする

図 11.72　CloudWatch 画面（スタックの選択と削除）

3. 確認画面で［スタックの削除］をクリックする
4. スタック ThreatDetectionWksp-Env-Setup に対しても、同じステップを繰り返して削除する

11.7.6　GuardDuty の無効化

GuardDuty カスタム脅威リストを削除し、GuardDuty を無効にします[14]。

1. AWS マネジメントコンソールから GuardDuty コンソールに移動する
2. 左のナビゲーションの「リスト」をクリックする

---

[14] ワークショップの実施前に GuardDuty を利用していた場合、無効化は行わないでください。

3. 「Custom-Threat-List」で開始する脅威リストの横にある［X］をクリック
   する

図 11.73　GuradDuty 画面（脅威リストの削除）

4. 確認画面で［削除］をクリックする
5. 左のナビゲーションの「設定」をクリックする
6. ページ下部の［を無効にする］をクリックする
7. 確認画面で、［を無効にする］をクリックする

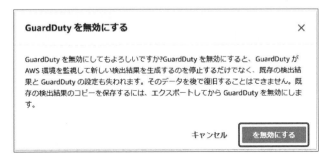

図 11.74　GuradDuty 画面（無効化）

11.7.7　Security Hub の無効化

Security Hub を無効にします[15]。

---

[15] ワークショップの実施前に Security Hub を利用していた場合、無効化は行わないでくださ
い。

1. AWS マネジメントコンソールから Security Hub コンソールに移動する
2. 左のナビゲーションの「設定」をクリックする
3. 上部のナビゲーションの［一般］をクリックする
4. ページ下部の［AWS Security Hub の無効化］をクリックする

図 11.75　Security Hub 画面（無効化）

5. 確認画面で［AWS Security Hub の無効化］クリックする

11.7.8　EventBridge ルールとログの削除

　作成した手動の EventBridge ルールと、生成された CloudWatch ログを削除します。

1. AWS マネジメントコンソールから Amazon EventBridge コンソールに移動する
2. 左のナビゲーションの「バス」の「ルール」をクリックする
3. ［post_snstopic_configrule］の横にあるラジオボタンをクリックする
4. ［削除］をクリックする

図 11.76　EventBridge 画面（ルールの削除）

5. 確認画面でルール名を入力後［削除］をクリックする
6. CloudWatch コンソールに移動する
7. 左のナビゲーションの「ログ」の「ロググループ」をクリックする
8. 下記のロググループの横にある各ラジオボタンを選択し、［アクション］の
   ［ロググループの削除］をクリックする

   - `/aws/lambda/threat-detection-wksp-additional-configu`
     `ration`
   - `/aws/lambda/threat-detection-wksp-remediation-inspector`
   - `/aws/lambda/threat-detection-wksp-remediation-nacl`
   - `/threat-detection-wksp/var/log/secure`

11

図 11.77　CloudWatch 画面（ロググループの削除）

9. 確認画面で［削除］をクリックする

11.7.9　Config の無効化

Config Rules の削除と Config を無効にします[16]。

1. AWS マネジメントコンソールから Config コンソールに移動する

---

[16] ワークショップの実施前に Config を利用していた場合、無効化は行わないでください。

2. 左のナビゲーションの「ルール」をクリックし、［s3-bucket-level-public-access-prohibited］のルールを選択したあと、［アクション］から［ルールの削除］をクリックする

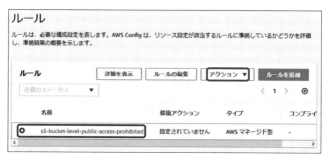

図 11.78　Config 画面（ルールの削除）

3. 確認のため「Delete」と入力し、［削除］をクリックする
4. 左のナビゲーションの「設定」をクリックし、画面右上の［編集］をクリックする

図 11.79　Config 画面（設定へ移動）

5. レコーダーの［記録を有効化］の選択を外し、［確認］をクリックする

図 11.80　Config 画面（無効化）

11.7.10 Detective を無効化

Detective を無効にします。こちらはオプションモジュールを実施した場合の操作です。

1. AWS マネジメントコンソールから Detective コンソールに移動する
2. 左のナビゲーションの「* 全般」をクリックし、画面下にある［Amazon Detective を無効化］をクリックする
3. 確認のため「disable」と入力し、［Amazon Detective を無効化］をクリックする

クリーンアップ作業は以上で終了です。

このワークショップでは、AWS サービスを利用したセキュリティ対策の環境構築、実際の脅威検知と対応を行いました。

GuardDuty などを有効にするだけで簡単にセキュリティ対策環境を構築でき、何か不審な動きがあった場合にすぐ調査と対応を行うことができました。また、調査に必要な情報の自動収集、対応の自動化も組み込まれていました。このような環境をいちから作ろうとするととても大変ですが、AWS のセキュリティサービスを利用すると簡単に構築できます。

実際に AWS 上でシステムを構築する場合もこういった環境も構築して、セキュリティ対策を行うことを検討してみてください。

これからの学習のために

　本書では、AWS を通じてセキュリティを学ぶための「はじめの一歩」として、セキュリティの基本的な考え方、AWS のハンズオンを通じた実際の動きを解説してきました。ここでは、本書の締めくくりとして「さらに学習を深めよう」という方のために「次の一歩」になるような情報をまとめています。

■ AWS の公式ページを活用しよう

　「AWS のサービスをより理解したい」、「AWS を活用したセキュリティをもっと深めたい」という方は、まずは AWS が発信する情報を活用することが近道です。また、サービスの動作に迷った場合でも公式ページに立ち戻るのが最も信頼性の高い方法です。ただし、AWS の公式ページにはさまざまな情報が掲載されています。学びを効率良く深めるためにいくつかポイントを紹介していきます。

● サービスの「よくある質問」

　AWS にはたくさんのサービスがあり、「このサービスの位置付けはどうなのだろう？」といった疑問を持つことも珍しくありません。こうしたときに詳細な開発者ガイドなどを読み込んでも記述が細かすぎ、求める答えにたどり着けないこともあります。そんなときは、AWS の「よくある質問」のページを読んでみましょう。

よくある質問
https://aws.amazon.com/jp/faqs/

　「よくある質問」は、EC2 や IAM などのサービス別、あるいは「AWS アカウント・請求関連のよくあるご質問」などのトピック別にユーザーの皆さんが気になるような情報をまとめています。「今まで触ったことのないサービスを理解したい」、「利用を検討してみたい」といった場合に目を通しておくと便利です。

● AWS の「ドキュメント」

　AWS ではサービスごとに、ユーザーガイド／デベロッパーガイド／ API リファレンスなどのドキュメントを提供しています。
　特にユーザーガイドには、「チュートリアル」が用意されているものもあります。例えば EC2 のチュートリアルには「Amazon Linux AMI への LAMP Web サーバーのインストール」といった情報なども公開されています。お勧めなのは、各サービスの「セキュリティ」、「ベストプラクティス」、「トラブルシューティン

グ」などのページです[1]。各サービスを安全に使う方法、設定、ベストプラクティスを理解しておけば、サービスを安全かつ効果的に利用できます。

また、実際にサービスを利用してみると思った通りに動作させられないこともあります。そのような場合、エラーメッセージを元に原因分析をすることもありますが、サービスごとにまとめられた「トラブルシューティング」を確認してみると、問題が迅速に解決できる場合もあります。

機能の具体的な実装方法やトラブルシューティングなどはデベロッパーガイドで紹介されています。また、マネジメントコンソール／コマンドラインの操作やプログラムの実装方法を知りたい方は API リファレンスを参照すると良いでしょう。

● 公式テンプレート／サンプルコード

AWS が公式に公開しているツールやソリューションも、皆さんが活用できるリソースです。

例えば AWS は「クイックスタート」という名前で、さまざまな環境に合わせた AWS CloudFormation のテンプレートを公開しています。AWS の技術者やパートナーのソリューションベンダーによって作成されており、ベストプラクティスを踏まえた環境を簡単にデプロイできます。あらかじめ用意されたテンプレートを使えば、数ステップで環境を構築して使い始められます。

各クイックスタートには、アーキテクチャと構築のステップに関するガイドも含まれています。学習を目的としている方は、CloudFormation のテンプレートとアーキテクチャを読み込むことで、どのようにサービスが設計されているかを理解することもできます。

● ブログやホワイトペーパー

AWS では日々、機能のアップデートや、さまざまなユースケースが登場しています。AWS のブログではこうした最新情報のほか、セキュリティやアーキテクチャの考え方、イベントのレポートなどが公開されています。

Amazon Web Services ブログ

https://aws.amazon.com/blogs/

また、AWS のグローバルのブログとは別に AWS ジャパンのブログがあり、日本語での情報収集や翻訳されたコンテンツが入手できるのもポイントです。

AWS ジャパンブログ

https://aws.amazon.com/jp/blogs/

---

[1]特に本書を読んでいる方には「セキュリティ」に関心の高い方が多いと思います。

さらには AWS では、テクニカルホワイトペーパー、技術ガイド、参考資料、リファレンスアーキテクチャ図などの技術文書を活用して、クラウドに関する知識を深めるような情報発信をしています。

AWS ホワイトペーパーとガイド

https://aws.amazon.com/jp/whitepapers/

　なお、技術分野の変化が早い AWS では、発行されていたホワイトペーパーが Archived（過去の版として管理されること）されたり、日本語では最新版が入手できない場合などがあります。新しい情報をキャッチアップする目的では、英語版の最新のものを参照するようにしましょう。

■ AWS Artifact

　また、AWS に対する第三者の監査レポートや機密保持に関する資料は AWS のマネジメントコンソールから利用できる AWS Artifact というサービスによって入手できます。組織として AWS のセキュリティ統制を評価したい場合など、公開情報だけでは十分ではない場合は、SOC（System and Organization Controls）の監査報告書や、PCI DSS（クレジットカードのセキュリティ標準）などのレポートを参照してみましょう。

■ 脆弱性診断や侵入テスト

　AWS の環境を安全に管理するには、さまざまな技術やツールを使って検証や診断をしたい場合もあるかと思います。AWS の「侵入テスト」のページでは、そうした脆弱性診断や侵入テストを実施する際のルール、AWS への許諾を必要とすることなくテストを実施できるサービスの紹介などをしています。

侵入テスト

https://aws.amazon.com/jp/security/penetration-testing/

　脆弱性診断や侵入テスト（ペネトレーションテスト）は AWS への「攻撃」を疑似的に実施するものでもあり、セキュリティ上の警告や利用アカウントの停止などの対象となる恐れがあります。脆弱性診断や侵入テスト、または AWS 上で CTF[2] などの開催を考えている場合には、必ずこうしたページを参照しましょう。また、AWS の脆弱性を発見した場合のレポート（Abuse Report と言います）ページや、AWS からの脆弱性情報の共有を行う「Security Bulletin（セキュリティ速報）」も、用意されています。

---

[2] Capture the Flag、実際の環境を使ってセキュリティのスキルを競うコンテスト

セキュリティ速報

`https://aws.amazon.com/jp/security/security-bulletins/`

　セキュリティ情報に関して AWS と連絡する必要が生じた場合は、こうしたページを参照してみましょう。

■ AWS のイベント

　AWS が実施しているウェビナーやイベントでは、最新情報や Tips、事例などが紹介されています。自分の利用方法に近い事例やアーキテクチャを理解することは、多くの人の参考となる情報にあふれています。AWS 公式ページの「AWS クラウドサービス活用資料集」では過去のウェビナーでの AWS のソリューションアーキテクトによるサービスやソリューションの資料や動画を公開しています。

AWS クラウドサービス活用資料集

`https://aws.amazon.com/jp/events/aws-event-resource/`

　また、AWS の YouTube ページでは、過去のイベントのストリーミングなどを閲覧することもできます。AWS ではグローバルイベント「AWS re:Invent」や各地域で行われる「AWS Summit」をたんなる商用イベントとしてではなく、教育的なイベントとして位置付けています。サービス構築や設計に関わっている人と情報交換したりして、学びを加速できます。さらにキュリティ専門イベント「AWS re:Inforce」やオンラインイベントの「AWS Innovate」など、分野やテーマに応じた多くのイベントが開催されています。

　特にセキュリティに興味のある方には、「AWS JAM」と呼ばれるイベントがあります。これは、AWS 上で出されるセキュリティの課題を解決していくコンテスト形式のイベントです。問題は初心者向けから上級者向けまで用意され、解けない場合でもヒントが用意されているので、セキュリティの考え方を学ぶ良い機会にもなります。興味のある方は、ぜひご参加ください。

■ OSS を活用しよう

　AWS の API は公開されており、これらを利用するさまざまな OSS（Open Source Software）があります。セキュリティを実現したり AWS の運用を効率化するためにうまく活用することができるでしょう。

　また、AWS 自身が公開する OSS もあります。GitHub 上には「AWS Samples」が提供されており、ここでもサンプルコードやツール、ハンズオンで利用できる workshop 環境などが提供されています。

AWS Samples

https://github.com/aws-samples

OSS のツールやソリューションはコードが公開されていますので、学習のために動かしながら、ゆっくりコードを読み込んでみる、ということもできます[3]。

■ さまざまなリソースを活用しよう

おそらくこの本を手に取って頂いている皆さんのゴールは、AWS だけを学ぶことではなく、AWS を通じてセキュリティを身に付けていくことだと思います。AWS は公式にもさまざまなリソースを提供していますが、それ以外にも、セキュリティの基本となる一般的なプラクティスや勉強会、コミュニティを通じて学べれば、より深い知識や多面的な考え方が身に付くでしょう。

● 公開されているベストプラクティス

AWS が出しているものではなくても、広く受け入れられているベストプラクティスを理解し、それを自分の環境にどう取り入れられるか整理していくことは有効です。本書でも NIST CSF（Cyber Security Framework）などを紹介していますが、こうしたベストプラクティスには、セキュリティを実現するうえで考慮すべきポイントなどが網羅されています。

AWS のサービスや商用製品、OSS などもこうしたベストプラクティスを踏まえている場合も多く、例えば AWS Security Hub では、「CIS AWS Foundations Benchmark controls」を統合しています。

標準やベストプラクティスを土台とし、そこに自らのサービス固有の要件を実装していけば、より効率的にセキュリティを実現できます。何より、広くセキュリティを実現するための「基本」を身に付けることができるでしょう[4]。

● AWS のユーザーグループやコミュニティを活用しよう

JAWS-UG は、AWS のクラウドサービスを利用する人々の集まり（コミュニティ）です。このコミュニティは AWS が主催しているものではなく、一人ではできない学びや交流を目的としてボランティアで運営されています。

JAWS-UG

https://jaws-ug.jp/

---

[3] OSS においても利用規約は存在します。サンプルコード等の利用における責任は利用者が負うものとなりますので、その点には留意する必要があります。

[4] ベストプラクティスやガイドラインはアップデートされることがあります。セキュリティを学ぶうえでは、そうした変化をキャッチアップしていくことも大切です。

特に日本では、全国に「支部」のかたちでグループがあり、それぞれのテーマに基づいて活動を行なっています。こうした支部は地域やテーマごとに分かれ、「初心者支部」、「CLI 専門支部」、「Security-JAWS」など目的別に集まっているものがあります。「一人ではできない」学びであったり、刺激を得ることもできますし、自身の学びを発表する場として考えることもできます。

　また、AWS だけではなく、セキュリティという切り口でも多くの勉強会やコミュニティ、業界団体などを通じて学ぶ機会が存在します。「業務で触れられる環境には限りがある」、「継続的に知見を吸収していきたい」といった場合には、こうしたコミュニティをうまく活用することもできます。

■ 自らアウトプットをしてみよう

　ここまでで、セキュリティの考え方、AWS を使った実践、学びの参考になる情報をお伝えしてきました。これらの内容が読者の皆さんの期待に、すこしでも叶うものであれば幸いです。

　一点、大事なポイントとして「学び」というのはインプットだけでは成り立たず、何らかのアウトプットをしてフィードバックや気付きを得ていく必要があるということがあります。もし、皆さんがこの本の中で得たことがあれば、どんなかたちでも良いのでアウトプットをしていただければ幸いです。それは、例えば友達や同僚に話してみる、Twitter やブログに書き込んでみるということから始められます。

　実際、本書を執筆したメンバーも日頃から AWS に触れて業務を行っていますが、本書に取り組むことで、AWS の新たな価値に気が付いたり、セキュリティにしっかりと向き合う時間を得られました。私たちのアウトプットが皆さんのインプットになり、そのアウトプットがつながっていくことで、AWS を使ったより安全なサービスが世の中を良くしていくことを願っています。

索　引

著者プロフィール

松本 照吾（まつもと しょうご）
Amazon Web Services Japan（以下、AWSJ）セキュリティア
シュアランス本部、本部長。2015年にプロフェッショナルサービス部
門にセキュリティコンサルタントとしてジョイン。2019年より、現在
のポジションに異動し、政府や規制業界に対するコンプライアンス面
での支援に従事。業界団体等においてもセキュリティや監査の価値の
普及／啓発に勤しむ。好きなAWSサービスはAWS Artifact。旅と
ジョギングとそのあとの食事を愛する永遠のダイエッター。
本書では、第1部（第1章〜第4章）を担当。

桐谷 彰一（きりたに しょういち）
セキュリティソリューションアーキテクトとして、エンタープライズ、
官公庁のお客様のセキュリティ対策を支援。好きなAWSサービスは
GuardDuty。趣味は日本酒を飲みながら打つ囲碁（弱い）。
本書では、第2部（第9章）、第3部（第11章）を担当。

畠中 亮（はたなか りょう）
シニアセキュリティコンサルタント。2016年にAWSJにジョイン
し、コンサルティングサービスをお客様に提供するプロフェッショナル
サービス部門のマネージャーとして活動。採用と育成、オファリングメ
ニューを開発し、支援範囲を拡大。現在は再びコンサルタントとして実
装できるクラウドセキュリティ戦略の立案やセキュリティガイドライン
の策定に関する支援を中心に担当。書き文字や活字、文章の読み解きが
好きで、多くの文字を扱えるセキュリティの仕事は天職だと思う日々。
辛口の日本酒が好き。
本書では、第2部（第6章〜第8章）、第3部（第10章）を担当。

前田 駿介（まえだ しゅんすけ）
ソリューションアーキテクト。2019年にテクニカルトレーナーとして
AWSJにジョイン。AWSにおける開発やセキュリティに関する有償
トレーニングを担当。2021年よりソリューションアーキテクトとして
ISV/SaaSのお客様に対する技術支援を担当。得意領域／好きな領域
はフロントエンド、認証／認可。雪国育ち、魚と日本酒が大好き。
本書では、第2部（第5章、第7章）を担当。

カバーイラストレーション　高内彩夏
カバーデザイン　坂本真一郎（クオルデザイン）

AWS ではじめるクラウドセキュリティ
クラウドで学ぶセキュリティ設計／実装

2023 年 2 月10日　第 1 版第 1 刷発行
2024 年 1 月18日　第 1 版第 4 刷発行

著　者　松本 照吾（まつもと・しょうご）／桐谷 彰一（きりたに・しょういち）
　　　　畠中 亮（はたなか・りょう）／前田 駿介（まえだ・しゅんすけ）
発行人　石川耕嗣
発行所　株式会社テッキーメディア（https://techiemedia.co.jp）
　　　　〒 213-0033 神奈川県川崎市高津区下作延 1-1-7
印刷・製本　モリモト印刷株式会社

ⓒ 2023 Amazon Web Services Japan G.K.

落丁・乱丁本はお取替えいたします.
Printed in Japan/ISBN978-4-910313-03-0